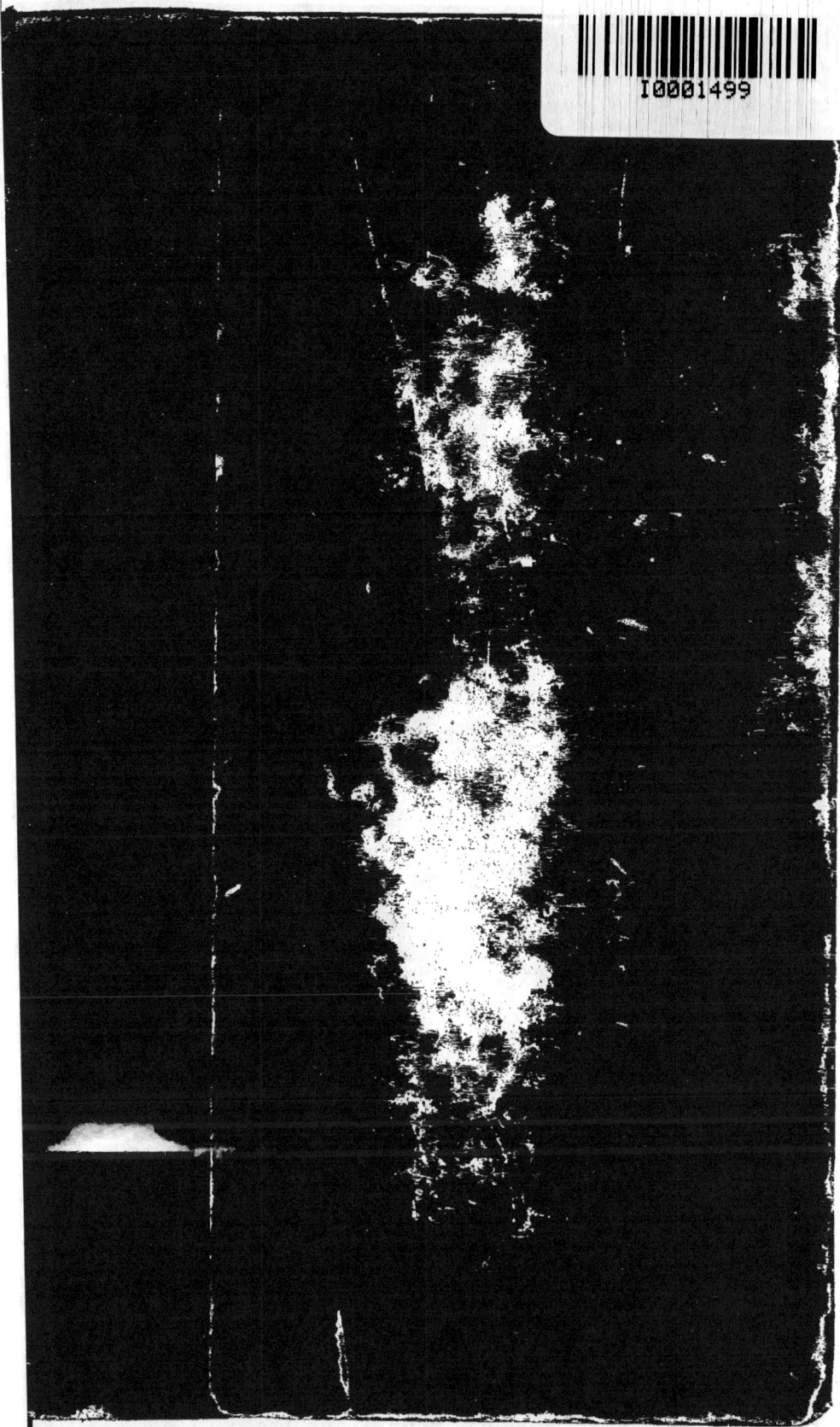

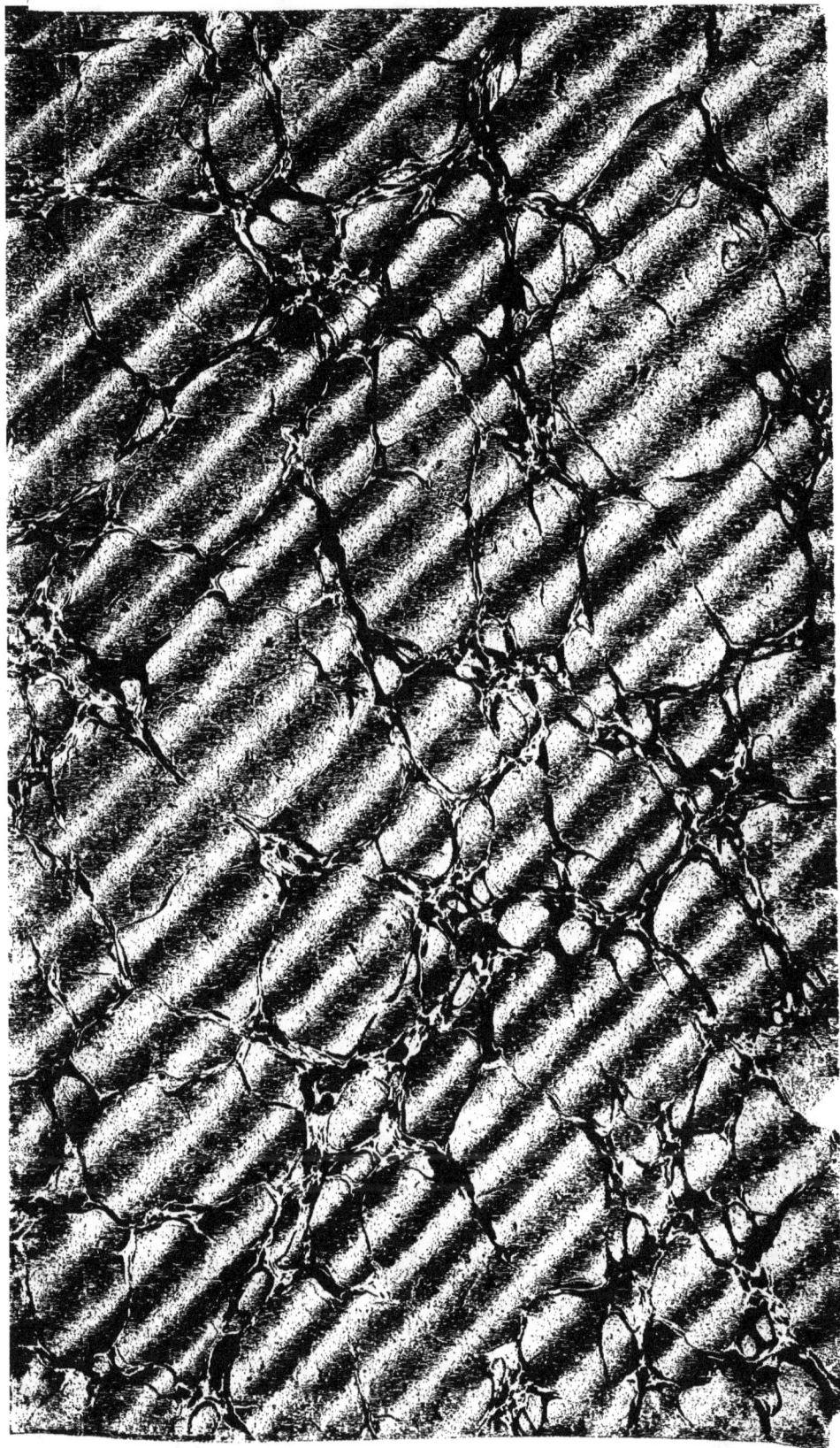

HISTOIRE DE LA MODE EN FRANCE

LA TOILETTE DES FEMMES

DEPUIS L'ÉPOQUE GALLO-ROMAINE JUSQU'À NOS JOURS

PAR

AUGUSTIN CHALLAMEL

AUTEUR DES *MÉMOIRES DU PEUPLE FRANÇAIS*

ORNÉE DE 17 PLANCHES GRAVÉES SUR ACIER, COLORIÉES

D'APRÈS LES AQUARELLES DE

F. LIX

PARIS

BIBLIOTHÈQUE DU MAGASIN DES DEMOISELLES

RUE LAFFITTE 51

1875

RAVENEL DIETRICH

HISTOIRE
DE LA MODE

EN FRANCE

LA TOILETTE DES FEMMES

DEPUIS L'ÉPOQUE GALLO-ROMAINE JUSQU'A NOS JOURS

PAR

AUGUSTIN CHALLAMEL

AUTEUR DES " MÉMOIRES DU PEUPLE FRANÇAIS "

———

ORNÉE DE 17 PLANCHES GRAVÉES SUR ACIER, COLORIÉES A LA MAIN
D'APRÈS LES AQUARELLES DE F. LIX

PARIS

BIBLIOTHÈQUE DU MAGASIN DES DEMOISELLES

51, RUE LAFFITTE, 51

1875

HISTOIRE

DE LA MODE

EN FRANCE

INTRODUCTION

Définition de la mode. — Son histoire a des côtés sérieux. — Citations de poètes. — Caractère des femmes françaises. — Délicatesse de leur goût et de leurs caprices. — Paris, temple de la mode. — La robe jaune de Mlle Mars. — Premières théories sur la mode. — Apparition du *Journal des Dames et des Modes*. — Plan de l'*Histoire de la Mode en France*.

Qu'est-ce que la mode ? — C'est la manière d'être, au point de vue du costume, des usages, des relations sociales, en un mot de tout ce qui se rapporte au charme de la vie.

Écrire une histoire de la mode des dames, en France, est donc une chose plus sérieuse qu'on ne pourrait le croire au premier abord ; et la légèreté du sujet disparaît bien vite sous l'intérêt moral qu'il renferme.

Loin de servir uniquement de thème aux observations frivoles, même lorsqu'il s'agit de nos manières d'être toutes spéciales quant au vêtement et à la parure, ce sujet devient, on l'a fort judicieusement remarqué, une indication morale et un signe des idées régnantes pour l'historien, le philosophe et le romancier.

La mode, en effet, constitue une sorte de thermomètre des goûts du jour, variables à l'infini, et sur lesquels influent bien des accidents extérieurs. N'est-ce pas le développement continu du costume, dans ses mille diversités, dans ses améliorations les plus

1

saisissables, dans ses fantaisies les plus gracieuses ou les plus étranges ?

Au proverbe : « Dis-moi qui tu hantes, et je te dirai qui tu es », n'aurait-on pas quelque raison d'ajouter, après mûres réflexions : « Dis-moi comment une personne s'habille, et je te dirai quel est son caractère ? »

Nombre de poëtes ont défini la mode, presque toujours avec un peu de mauvaise humeur.

L'un s'écrie :

> La mode est un tyran des mortels respecté,
> Enfant de l'inconstance et de la vanité.

L'autre ajoute :

> Les modes sont certains usages
> Suivis des fous, et quelquefois des sages,
> Que le caprice invente et qu'approuve l'amour.

Un autre, moins rigoriste, remarque avec raison :

> Le sage n'est jamais le premier à les suivre,
> Ni le dernier à les quitter.

Nous n'avons pas ici mission pour tracer l'histoire de la mode des hommes, qui ne le cède en rien, dans ses variations et ses singularités, à la mode des femmes, si puissante, si tyrannique pendant toutes les époques.

Il faut savoir nous borner ; il faut s'en tenir aux vêtements qu'adoptèrent nos aïeules ; il faut, même, ne pas sortir de la France, si nous voulons donner un tableau aussi complet que possible des transformations de la toilette féminine depuis les Gauloises jusqu'à nos jours.

Grâce, vivacité, caprice aussi, voilà ce qui distingue les Françaises. A de rares exceptions près, nous retrouverons les qualités ou les défauts de nos charmantes compatriotes matériellement reproduits dans leurs manières de se vêtir. Paysanne ou bourgeoise, ouvrière ou duchesse, la femme qui habite nos villes et nos campagnes se traduit franchement par sa mise. Dans son désir de plaire, elle tâche surtout de ne pas porter trop longtemps des costumes d'une même forme. Elle s'ingénie à y ajouter des accessoires nouveaux, multiples, et qui souvent visent à l'effet. Elle se couvre de broderies, de dentelles et de bijoux. Elle se pare de fleurs, s'il le faut, pour donner à sa personne des attraits irrésistibles.

La Française demande à la toilette la plus raffinée le complément des dons que lui a accordés la nature. Elle prétend que la mode « n'est jamais ridicule, » parce qu'il y a toujours assez d'esprit chez nous pour contenir l'extravagance, assez de goût pour conserver les harmonieuses proportions qui doivent exister nécessairement dans le costume.

Une femme de tact et d'observation a dit : « Il est encore permis de rêver avec un chapeau bleu de ciel, mais il est défendu de pleurer avec un chapeau rose. »

Cette remarque, relative à l'harmonie des vêtements, montre jusqu'à quel point nos dames se préoccupent, et avec raison, de l'accord qui existe entre la situation morale d'une personne et la toilette qu'il lui convient de porter.

Il est donc bien vrai de dire que l'histoire de la mode féminine en France ressemble singulièrement à une histoire du caractère des dames françaises.

Sur notre terre classique du caprice, l'empire de la mode s'est assurément fait sentir beaucoup plus qu'ailleurs. Les Françaises, depuis un temps immémorial, ont changé de mode tous les jours. Un poëte éminemment français a pensé aux Françaises lorsqu'il a écrit les vers suivants, qui résument tout ce qu'on a répété sur l'intéressant sujet dont nous parlons :

> Il est une déesse inconstante, incommode,
> Bizarre dans ses goûts, folle en ses ornements,
> Qui paraît, fuit, revient, renaît en tous les temps ;
> Protée était son père et son nom est la Mode.

Or, le dieu marin Protée, pour échapper à ceux qui le pressaient de questions sur l'avenir, changeait de forme à volonté.

On pourrait prétendre que le poëte cité par nous pensait au

Parisiennes, en particulier ; mais on aurait tort, aux yeux d'une foule de femmes élégantes qui habitent la province, et qui, autant que les Parisiennes, ont une dévotion très-fervente au culte de l'inconstante déesse.

Toutes les Françaises aiment les métamorphoses fréquentes de la toilette. Les étrangères suivent presque aveuglément la mode des Françaises. Seules les Espagnoles, par esprit national, n'admettaient pas de changements dans leur mise, et commencent pourtant de s'habiller « à la française ».

En réalité, à l'heure où nous écrivons, le type du costume féminin se forme toujours à Paris, pour de là se répandre bientôt dans toute la France et jusqu'aux dernières limites de l'Europe. « Paris, selon un écrivain contemporain, a le privilége incontesté de décréter la loi somptuaire des nations. Ses modes sont et seront les modes universelles ; ce qu'il préconise subsiste ; ce qu'il a condamné disparaît. Sans le bon goût et l'inconstance de ses habitants, sans le génie inventif et la dextérité manuelle de ses ouvriers, l'homme pourrait être vêtu, jamais il ne serait habillé. »

Et la femme, donc ! Quelle Française, quelle Anglaise, quelle Italienne, quelle Allemande ou Russe ne demande pas à sa modiste de lui confectionner un chapeau sur le modèle de ceux qu'ont créés les habiles faiseuses de Paris ?

A cette expression « mode » les jeunes esprits attribuent le sens presque absolu de nouveauté. Il faut cependant distinguer encore. Il y a nouveau et nouveau, comme il y a fagots et fagots, d'après Molière. Le nouveau d'aujourd'hui peut n'être qu'une résurrection de l'ancien, une réminiscence du passé. Lorsqu'il s'agit de mode, principalement, nous reconnaissons la justesse de l'axiome : « Rien n'est nouveau sous le soleil. »

Eh quoi ! rien de nouveau ? Non, rien, absolument rien. Qui sait si le gentil colifichet dont les dames se parent, à l'heure qu'il est, n'est pas une reproduction, ou tout au moins une imitation de tel objet porté par une Égyptienne, une Grecque, une Romaine ou une Gauloise ?

Ces fraises qui se voient partout, au moment où nous écrivons, ont été à la mode sous Henri III. C'était alors un affiquet d'homme ; aujourd'hui, il tient sa place dans la toilette des dames.

Rien n'est nouveau sous le soleil ; car, en étudiant l'histoire des variations de la mode, chez les Français seulement, on voit bien que la fantaisie féminine tourne dans un cercle sans fin ; qu'elle abandonne un vêtement avec une facilité d'autant plus grande qu'elle l'a adopté avec plus de passion ; qu'elle fait succéder le dédain le plus complet, injuste et sans cause, à l'engouement le plus rationnel et le plus irrésistible. Souvent, elle change si prestement d'idole, qu'on pourrait s'écrier, à propos des habillements de femme :

> Je n'ai fait que passer, il n'était déjà plus !

Il arrive très-fréquemment que le public imite tel personnage considérable ayant adopté une toilette excentrique. Ce qui semblait affreux à voir, avant la manifestation du caprice de cette personne, devient un objet de vogue après la manifestation.

Reproduisons, comme exemple, une anecdote parue dans les *Indiscrétions et Confidences* d'Audebert, ouvrage qui date de quelques années :

« Mlle Mars était en représentation à Lyon, où, dès le lendemain de son début, elle ne fut pas médiocrement surprise de voir arriver, le matin, à son hôtel, un des premiers fabricants de la ville.

« — Mademoiselle, lui dit-il, voici l'objet de ma visite, et pardonnez-la-moi : vous pouvez faire ma fortune.

« — Moi, monsieur ? j'en serais fort aise ; mais par quel moyen, je vous prie ?

« — C'est d'accepter cette pièce d'étoffe. »

« Et, à l'instant, il la déploya sur une table. C'était un velours épinglé couleur jaune. Mlle Mars se crut en présence d'un fou.

« — Mon Dieu ! dit-elle d'une voix quelque peu émue, que voulez-vous que je fasse de cette pièce de velours ?

« — Une robe, mademoiselle. Lorsqu'on vous l'aura vue, tout le monde voudra en avoir une pareille ; c'est ainsi que se fera ma fortune.

« — Mais, monsieur, jamais personne n'a porté une robe jaune.

« — C'est pour cela ; il s'agit de la mettre à la mode. Ne me refusez pas, je vous le demande en grâce.

« — Non, monsieur, je ne vous refuse pas, » répondit Mlle Mars.

« Et elle s'approcha d'un secrétaire pour prendre sa bourse.

« — Mademoiselle m'épargnera l'injure de me la payer. En faisant ma fortune, je serai grandement récompensé. Seulement, mademoiselle aura la bonté de donner l'adresse de ma fabrique, qui, du reste, est fort en crédit. »

« Mlle Mars promit tout, fort enchantée de se débarrasser d'un tel visiteur. Revenue à Paris, et causant avec sa couturière, elle lui dit :

« — Il faut que je vous montre une pièce de velours épinglé que j'ai rapportée de Lyon ; vous me direz à quoi elle pourrait servir.

« — Ce velours est d'une bien belle qualité, il est superfin. Mais... qu'en faire ?

« — Il m'a été donné pour une robe.

« — Une robe jaune ! Jamais il n'en est sorti de mon atelier.

« — Eh bien ! si nous en faisions l'essai ?

« — Madame peut tout se permettre. »

« Peu de jours après, Mlle Mars, rendue de bonne heure dans sa loge, s'habille avec la robe de velours épinglé de couleur jaune. La toilette achevée, elle se regarde en tous sens dans sa glace, et s'écrie :

« — Il est impossible que je me présente sur la scène avec cette robe ! »

« En vain le régisseur, ses camarades la supplient de ne pas faire manquer le spectacle : Mlle Mars s'obstine ; « elle ne veut pas, dit-elle, avoir l'air d'un canari. » Enfin Talma parvient à lui persuader que la robe est d'un goût parfait et sied admirablement à la figure de la célèbre artiste.

« Mlle Mars, décidée par l'opinion de Talma, entre sur la scène, non sans inquiétude. Un murmure flatteur accueille sa présence, toutes les lorgnettes des dames se dirigent sur elle ; de nombreux applaudissements retentissent, et l'on entend partout circuler ces mots : « Quelle délicieuse toilette ! »

« Le lendemain, tout Paris parlait de la robe jaune de M¹¹ᵉ Mars. Huit jours à peine écoulés, pas un salon qui n'en offrît de pareilles. Les couturières ne pouvaient y suffire, et, depuis ce moment, le jaune a pris place parmi les couleurs employées pour les robes.

« Lorsque M¹¹ᵉ Mars, quelques années après, retourna à Lyon, le fabricant, dont elle avait fait effectivement la fortune, lui donna une fête splendide à la jolie maison de campagne qu'il avait achetée sur les bords de la Saône, sur le produit de son velours épinglé, dont le débit avait été prodigieux. »

Que de fois, après M¹¹ᵉ Mars, les toilettes d'actrices ont influé d'une manière décisive sur la mode ! Le Théâtre-Français, le Gymnase et le Vaudeville ont été des espèces d'expositions, où le public féminin a pris des leçons de toilette.

Il faut dire que nombre d'actrices, gracieuses par la mise, le geste et la diction, savent donner à un costume toute l'accentuation dont il est susceptible, et rehausser par le talent ce qui est simplement du ressort de la couturière.

Suffit-il d'avoir une brillante toilette ? Suffit-il de se signaler par des audaces ? Suffit-il d'étaler devant les gens les robes les plus étranges ?

Non. Il convient, en outre, de savoir tirer d'un costume tout le parti possible. La mode et la coquetterie sont sœurs. Si haut que l'on remonte dans l'antiquité, chez les peuples de l'Égypte, des pays orientaux, de la Grèce, de Rome et de la Gaule, nous les trouvons réunies, se prêtant une aide naturelle, s'accordant avec le climat, la configuration du sol et les passions des habitants.

Dès le jeune âge, nos filles sont incitées à la coquetterie par leurs parents eux-mêmes, bien innocemment sans doute, mais d'une manière qui n'est pas sans dangers.

« Louise, dit une maman, dimanche, si tu es sage, tu mettras ta belle robe rose, ton beau chapeau vert, tes petits bas bleus, » etc.

Et l'enfant se montre sage, pour satisfaire son goût de coquetterie naissante.

Comme nous venons de le dire, depuis très-longtemps la France tient le sceptre des modes, qu'elle a vu adopter dans tous les autres pays. Cependant, elle n'a pas eu d'organe spécial pour cet objet avant l'époque du Directoire, avant les dernières années du dix-huitième siècle.

Aucune théorie sur les modes ne se développa jusqu'alors ; nos voisins nous imitaient, après avoir hanté nos salons ou nos promenades, après avoir reçu quelques gravures représentant des costumes.

En juin 1797, Sellèque fut, avec Mme Clément, née Hémery, le fondateur du *Journal des Dames et des Modes*. Ces deux associés s'adjoignirent, pour les gravures seulement, Pierre Lamésangère, ecclésiastique, homme grave, qui avait professé, peu d'années auparavant, la littérature et la philosophie au collége de la Flèche, et que le malheur des temps lançait dans des idées fort éloignées du professorat. A la mort de Sellèque, Lamésangère continua le journal, dont il fit sa principale occupation, à dater de 1799.

Il paraissait tous les cinq jours un numéro du *Journal des Dames et des Modes*, numéro orné d'une jolie figure coloriée, représentant un costume. Le numéro du 15 de chaque mois renfermait deux planches.

Lamésangère tenait lui-même les registres, faisait la rédaction le plus légèrement possible, surveillait la fabrication des gravures. Il allait dans les spectacles et dans tous les lieux publics, pour observer la toilette des femmes.

Tel fut le succès de l'entreprise, que Lamésangère acquit une fortune brillante. Sa toilette défiait les reproches. Lorsqu'il mourut, on trouva parmi ses effets mille paires de bas de soie, deux mille paires de souliers, six douzaines d'habits bleus, cent chapeaux ronds, quarante parapluies et quatre-vingt-dix tabatières.

Certes, voilà une garde-robe mieux garnie que beaucoup de celles que possèdent les plus riches personnes !

Le *Journal des Dames et des Modes* régna, sans concurrence ni rivalité, pendant plus de vingt ans, de 1797 à 1829. Il forme une collection de trente-trois volumes in-8°.

Quelques contemporains comparaient Lamésangère à Alexandre. Son empire était immense, dans le monde de la fashion, comme celui du roi de Macédoine. Après lui, l'empire fut partagé. On vit paraître *le Petit Courrier des Dames*, *le Follet*, *la Psyché*, etc., et cent autres publications, parmi lesquelles nous devons citer *la Mode*, journal fondé sous le patronage de la duchesse de Berri.

Aujourd'hui, les organes de la mode pullulent. Description, histoire, détails pratiques, renseignements à propos de la toilette, rien ne manque aux dames pour se diriger dans leurs fantaisies. Nombre d'intelligences s'évertuent, chaque jour, pour inventer ou perfectionner une foule d'affiquets, auxiliaires de la beauté.

Comme Dandin, le juge des *Plaideurs*, qui prie l'avocat l'Intimé de « passer au déluge », pour éviter ses phrases sur la création du monde, nos lectrices ont certainement lieu d'espérer que nous ne commencerons pas cette histoire aux origines premières de notre pays.

Mais, tout en restant dans le cadre qui convient à notre sujet, est-il possible de ne pas parler du costume de nos plus anciennes aïeules connues, des Gauloises et des Gallo-Romaines ?

Il faut remonter jusqu'à cette époque, d'autant plus que certains accessoires de la toilette, pendant ces siècles de l'antiquité, ont reparu à différentes époques, et qu'à l'heure même où nous écrivons, tel détail gaulois ou gallo-romain se retrouve dans le vêtement et la coiffure de nos dames.

Donc, permettez-nous quelques mots sur la mode de ces temps reculés.

Viendra ensuite la période mérovingienne, qui nous fournira de curieux documents. Les Carlovingiens et les premières branches de la race capétienne méritent de nous occuper davantage. Enfin, nous nous étendrons sur le moyen âge et la renaissance, si remarquables par le luxe, par le goût des richesses et par les arts somptueux, pour arriver au seizième et au dix-septième siècle, où la mode a régné absolument comme les souverains.

La révolution de 1789, l'empire, la restauration, la monarchie de Juillet, en un mot ce que l'on appelle «l'époque contemporaine», nous conduiront à nos jours, aux toilettes dont nos lectrices peuvent juger par elles-mêmes.

Qu'elles ne froncent pas le sourcil. Nous n'avons pas l'intention de nous établir en archéologue et de faire passer sous leurs yeux une myriade de notes historiques. D'ailleurs, les documents sont rares. Lors même que nous voudrions narrer longuement, cela nous deviendrait impossible, car nous ne sortirons pas de la vérité historique.

Cette vérité-là, il faut le plus souvent chercher à lui donner quelques airs souriants, mais il ne faut jamais lui enlever sa physionomie naturelle.

CHAPITRE I

ÉPOQUES GAULOISE ET GALLO-ROMAINE

DES ORIGINES A L'AN 428

Epoque gauloise. — Les feuilles du pastel. — Tuniques et boulgêtes. — « Mavors » et
« Palla ». — Propreté des Gauloises. — L'écume de bière ou kourou. — Les femmes
de Marseille. — Epoque gallo-romaine. — Vêtement romain. — Raffinements de
coquetterie. — Luxe immense des femmes. — Un vestiaire du temps. — Détails de
bijoux et de parures. — La boule d'ambre.

Les anciens nous rapportent, — ô horreur! — que certaines
Gauloises se teignaient la peau avec une substance blanchâtre,
provenant des feuilles du pastel, de cette plante dont on tire une
fécule remplaçant l'indigo pour quelques usages. D'autres se ta-
touaient, presque à la façon des sauvages de l'Amérique.

Telles étaient nos mères, dans l'état primitif du pays qui s'appelait la *Gaule*, et dont l'étendue ne différait guère de la France
actuelle.

Le temps fit son œuvre. Un peu plus tard, quand les populations exercèrent quelques industries, le costume de la femme gauloise se composa d'une tunique large et plissée, et d'un tablier
attaché sur les hanches ; quelquefois elle mettait jusqu'à quatre
tuniques superposées, un manteau dont une partie voilait la face,
et une mitre ou bonnet phrygien. Ou bien elle se servait de poches
ou de sacs de cuir, de bouls ou boulgêtes, toujours en usage dans
le Languedoc, et qu'on nomme « réticules ». Les dames riches,
célébrées pour leur beauté et leur élégance, se paraient d'un
manteau de lin aux couleurs variées, agrafé sur l'épaule.

Un voile leur couvrait la tête et le buste. Lorsque ce voile
était court, on l'appelait « mavors »; lorsqu'il était long, tel qu'il

descendait jusqu'aux pieds, par exemple, on lui donnait le nom de *palla*.

La propreté des Gauloises, vantée par les historiens, et qui augmentait encore leur beauté native, n'avait pour ainsi dire point d'égale. Aucune Gauloise, à quelque classe qu'elle appartînt, n'aurait voulu ni osé porter des habillements sales, en désordre ou déchirés.

On admirait la peau blanche de la femme, sa taille élégante et élevée, ses traits de tous points remarquables. Pour mériter ces hommages, elle ne négligeait rien. Se baigner dans l'eau froide, s'oindre le visage, et souvent le corps entier, c'était pour elle un plaisir, on pourrait dire une nécessité, un devoir. Afin de conserver son teint bien frais, elle se lavait le visage avec de l'écume de bière ou *kourou;* elle se teignait les sourcils avec de la suie ou avec une liqueur tirée de l'orphie, poisson que l'on pêchait près des côtes de la Gaule ; elle employait souvent, pour sa toilette, de la craie dissoute dans du vinaigre, substance nuisible à la santé, mais très-efficace comme pommade ; elle colorait ses joues avec du vermillon, enduisait de chaux ses cheveux, enveloppait sa chevelure d'un réseau ou l'enlaçait de bandelettes, en la rejetant en arrière, ou en la recourbant de telle sorte qu'elle ressemblait à un cimier.

Son luxe ne consistait pas dans les seuls ornements : colliers, bracelets, anneaux, ceintures de métal ; elle l'empruntait aussi à la nature, dont généralement elle n'avait point à se plaindre, ainsi qu'on vient de le voir.

Dans le Midi, sur les bords de la Méditerranée, la femme était d'une beauté éclatante, relevée par des bijoux nombreux, par une courte saie qui ne passait point les genoux, et par un magnifique tablier rouge.

A Marseille, les détails de la civilisation grecque avaient pénétré ; les jeunes filles étaient toujours élégamment parées, et, de peur que l'ivresse ne détruisît la blancheur mate de leur teint, sans doute l'usage voulait qu'elles ne bussent pas de vin, comme la loi exigeait, par crainte de folle somptuosité, que la plus riche dot des femmes n'excédât pas cent écus d'or, que leur plus riche parure ne dépassât point cinq cents écus. Il paraît que cette loi était assez strictement appliquée.

Lorsque César eut asservi la Gaule, la civilisation et bientôt la corruption romaine s'infiltrèrent dans notre pays.

On résiste difficilement à l'attrait des belles choses. Quelle que fût la haine vouée aux vainqueurs, les Gauloises, devenues Gallo-Romaines, ne manquèrent pas, vous le pensez bien, de suivre l'exemple que leur donnaient les dames venues de l'Italie. Elles ne voulaient pas être vaincues dans l'art de plaire.

La Gallo-Romaine adopta le vêtement qui était à la mode dans Rome ; le luxe des costumes ne connut pas de limites ; la différence des vêtements dénota celle des fortunes.

Si telle femme se contentait de la chemise, de la tunique large et plissée, dentelée par le bas, du tablier court et des sandales, telle autre se chargea de tuniques, dont la supérieure, sans manches, était ornée ou non de broderies et contenue par une ceinture à la hauteur de la taille, puis par deux agrafes sur les épaules.

Quelques-unes ne se firent pas faute de choisir des vêtements qui, à cause de leur ampleur considérable, étaient qualifiés de « palissades » par le poëte Horace.

De là semble venir la première pensée des vertugadins et des crinolines.

L'élégante citadine se revêtait, en outre, d'un manteau qui lui couvrait à demi la tête, du pallium broché d'or. Une autre se coiffait avec un bonnet phrygien, qui laissait admirer sa luxuriante chevelure attachée avec la « vitta », ruban ou bande que les patriciennes seules avaient le droit de ceindre, entrelacée de bandelettes ou retenue par un réseau et disposée avec beaucoup d'art. Souvent ses cheveux étaient teints en rouge ou trempés dans la couleur jaune ; parfois ses nattes brunes étaient cachées sous la blonde chevelure enlevée à des esclaves germaines, et parsemée de poudre d'or.

La figure de la Gallo-Romaine de condition resplendissait, grâce aux raffinements de la coquetterie ; et, malgré les ans, la blancheur de sa peau demeurait entière, incomparable. Sous sa tunique elle porta le *strophium*, espèce de corset qui dessinait bien la taille, et où elle pouvait même placer des lettres. Ovide remarque aussi que, pour égaliser les épaules, quand l'une était plus haute que l'autre, il suffisait de garnir légèrement la moins forte. La Gallo-Romaine commença à se servir du *sudarium* ou mouchoir.

Voyez-la quitter sa basterne dorée, espèce de palanquin dont les brancards sont soutenus par deux chevaux, deux mulets ou deux bœufs. Cette voiture, fermée, est garnie de peaux ou de paille à l'intérieur. La noble dame s'y tient, mollement couchée sur un « pulvinar », grand coussin de soie embaumé de roses. Elle a presque adopté le maintien oriental.

Elle connaît, elle admire, elle entasse les anneaux d'or, l'argenterie de toilette, de bain et de voyage ; les miroirs, les bagues et les colliers. Elle se sert de parfumeries diverses : pommades de senteur, pommades hygiéniques, essences de lis, de rose et de myrrhe, pommades de coq et de nard pur. Elle aime les ceintures et les rubans, les coussins, les fourrures et les feutres, en un mot les accessoires luxueux qui assurent la propreté et l'élégance des toilettes.

Le vestiaire d'une Gallo-Romaine se compose d'un tissu de lin, de coton ou de soie, faisant office de chemise ; d'une espèce de corset sans baleines, pour soutenir la gorge ; d'une robe de chambre, pour servir de peignoir ; de robes de cérémonie, de tuniques, de demi-tuniques ; de mantelets violets, qui ressemblent presque, dans leur forme, à nos pèlerines.

Une Française de nos jours n'a point de garde-robe mieux montée.

Au moment de sortir, les femmes prennent dans leur vestiaire le manteau court qu'elles portent sur leurs épaules, l'écharpe qui passe sur leur tête, le voile clair et léger avec lequel on a composé une coiffure où abondent les paillettes d'or et d'argent, les bandelettes, les rubans et les perles.

Chaque fois qu'une patricienne élégante quitte son appartement pour aller à la promenade ou en visites, elle change de chaussure. Les sandales succèdent aux « lancia », espèces de pantoufles pour la maison. La dame se sert de cothurnes, bottines riches qui n'ont de rivales, pour le voyage, que des chaussures légères appelées « campodes », dont les femmes du peuple font un usage habituel. La chaussure marque la distinction, et, par exemple, les bottines dites « péribarides » annoncent une Gallo-Romaine appartenant aux premières familles.

En Gaule comme à Rome, le luxe des bijoux et des parures défie toutes les lois somptuaires.

Les camées et les pierres gravées, les perles fines donnent une valeur immense aux colliers, aux bagues, aux pendants d'oreilles, aux bracelets, et même aux jarretières. Ce dernier accessoire, remarquons-le, n'avait point à maintenir les bas, non usités chez les anciens ; il fixait seulement une sorte de caleçon en toile fine. Quelques Gallo-Romaines portaient des jarretières sur la jambe nue, comme des bracelets aux bras.

Parasols, miroirs d'acier, éventails, elles connaissaient tous ces objets. Les parfumeurs multipliaient les découvertes, et les dentistes fabriquaient merveilleusement les dents postiches, qui réparaient des ans l'irréparable outrage.

Vingt femmes au moins étaient attachées au service d'une patricienne. Celles-ci l'habillaient, celles-là la coiffaient; une d'entre elles portait son parasol ; et, suivant une mode romaine, originaire d'Egypte, quelques esclaves tenaient en main, dans un réseau de fil d'or ou d'argent, les boules d'ambre et de cristal dont se servait leur maîtresse.

Avec quelle grâce, avec quelle adresse les femmes nobles, dans une fête publique, dans un cirque ou dans un théâtre, roulaient en leurs doigts et pressaient la boule de cristal ! Au moyen de cet exercice, elles combattaient l'excès du calorique des mains et se procuraient une perpétuelle fraîcheur. Quand la boule de cristal s'échauffait, on la remplaçait par une boule d'ambre qui, échauffée bientôt elle-même, répandait autour d'une dame la plus délicieuse odeur.

L'éventail, comme la boule d'ambre, offrait aux Gallo-Romaines l'occasion de montrer leur grâce et leur adresse. L'éventail seul nous est resté. Il a trouvé son historien dans M. Blondel, qui vient de publier une très-curieuse monographie des éventails chez les peuples anciens et modernes.

A toutes les époques, les femmes ont adopté quelque objet propre à développer les charmes de leur maintien. Pendant la révolution, l'« émigrant » savait leur donner une contenance non moins gracieuse que celle dont les Gallo-Romaines étaient redevables à la boule d'ambre et à la boule de cristal.

GAULOISE.   GALLO-ROMAINE.   MÉROVINGIENNE.

CHAPITRE II

ÉPOQUE MÉROVINGIENNE

428 A 752

Grande modification du costume des femmes après l'invasion des Franks. — Les Mérovingiennes. — Robes de peau et vêtements de feutre; saies et camelots. — La coiffe, le voile, la pèlerine. — L'élégante Mérovingienne se couvre de fleurs.— Divers objets de toilette.— Les jeunes filles « restent en cheveux ».— Les femmes mariées coupent leur chevelure.

L'influence des événements politiques sur le costume est plus remarquable qu'on ne le semble croire. La conquête de la Gaule par César avait singulièrement modifié les habillements des Gauloises ; après les invasions des Barbares, et lorsque les Franks eurent enlevé la plus importante partie de notre sol aux Romains, il s'opéra un changement considérable dans le costume des femmes.

La rusticité germaine s'y mêla avec la corruption latine, et, pour un temps, les fins détails de toilette disparurent.

Hommes et femmes revêtaient des robes de peau, dans les premiers temps de la monarchie mérovingienne. Parfois les uns et les autres préféraient les vêtements de feutre ; ou les saies étroites à petites manches, tissues de soie, teintes de pourpre et d'écarlate ; ou les vêtements en étoffe grossière, faite avec du poil de chameau, et, par cette raison, nommée *camelot*.

En général, les femmes couvraient leur tête de coiffes ressemblant aux anciennes mitres originaires de Perse, ou elles l'enveloppaient d'un voile de toile de coton, orné d'or et de pierres précieuses, dont elles faisaient passer les extrémités du côté droit sur l'épaule gauche. Elles aimaient les tuniques de plusieurs couleurs.

2

les broderies, les robes à ramages, et une sorte de pèlerine, qui
leur était déjà connue. Cette pèlerine consistait en un morceau
d'étoffe rayée, taillé en rond à sa partie inférieure, percé d'une
ouverture pour la tête et de deux autres pour les bras, couvrant
les épaules et la poitrine et s'attachant sur les reins avec des cordons. Elles avaient deux ceintures, l'une au-dessus, l'autre au-
dessous du buste.

Sous leur costume, les Mérovingiennes ne manquaient ni de
charme, ni de dignité, ni d'une certaine élégance pudique. Elles
empruntèrent, ou plutôt elles allièrent probablement quelques
détails de toilette à la mode gallo-romaine.

L'évêque Fortunat, poëte latin de leur temps, qui assista aux
noces de Sigebert et de Brunehaut, fait allusion à l'habitude que
ses compatriotes avaient adoptée de se couronner de fleurs « au
parfum délicieux »; l'historien Grégoire de Tours, autre évêque,
bien placé pour connaître les mœurs de la cour mérovingienne,
parle de robes de soie, mais comme de vêtements splendides.

Pour peu qu'elles fussent riches, les femmes se couvraient de
bijoux. Elles portaient des colliers de perles, avec des jacinthes,
des diamants, des robes traînantes, des mantelets, des tuniques,
des capes, des voiles et des casaques ; des boucles d'oreilles, des
bracelets, des colliers et des bagues ; des coiffes et de petits filets ;
des parures de gorge ; des ceintures de laine, de lin ou de soie.
L'or et les pierreries éclataient sur leurs habillements de fête.

Mais les jeunes filles, qui devaient marcher les cheveux épars,
n'avaient pas d'ornements extérieurs. Cet usage était si général,
que, lorsqu'elles prenaient de l'âge sans se marier, on disait :
« Elles restent en cheveux. » La belle Radegonde, femme du roi
Clotaire Ier, et dont le frère fut égorgé par ce tyran, renonça au
monde, avec la permission de son époux. Elle avait couvert l'autel
de ses ornements de tête, de ses bracelets, de ses agrafes de pierreries, de ses franges de robes, tissues de fil d'or et de pourpre.
Elle brisa sa riche ceinture d'or massif. Le sacrifice était complet ;
Radegonde n'appartenait plus qu'à Dieu, et elle mourut en odeur
de sainteté.

Un concile défendait aux femmes mariées de couper leur chevelure, symbole de leur sujétion à l'époux. Cette prohibition n'allait
pas jusqu'à les empêcher d'être coquettes : elles pouvaient natter
leurs cheveux et y mêler des stapions ou bandelettes. Partagés
sur l'occiput, ces cheveux tombaient en deux larges tresses, comme
ceux des paysannes de Berne.

Nombre de statues nous ont transmis les preuves de cette mode
mérovingienne, qui n'était pas sans charmes, et qui pourtant donnait aux femmes un aspect à la fois sévère et naïf.

CHAPITRE III

ÉPOQUE CARLOVINGIENNE

752 A 987

Règne de Charlemagne. — Les femmes du dixième siècle avec deux tuniques, d'après les miniatures de la bibliothèque Mazarine. — Bible de Charles le Chauve. — Toilette de la reine Luitgarde. — Toilettes de Rotrude et de Berthe. — Gisla et les autres parentes de l'empereur.

Le règne de Charlemagne et le passage de la première race des rois à la seconde, n'amenèrent pas de modifications essentielles dans les vêtements ; car on ne peut considérer comme importantes les deux influences, germaine et byzantine, qui se produisirent alors successivement.

Pour les femmes, au dixième siècle, la parure la plus recherchée comprit deux tuniques de couleur différente, l'une à manches longues, l'autre à manches courtes ; avec des bottines aux pieds, — des bottines lacées par devant. De larges bandes ornées bordaient l'ouverture du cou et des manches, ainsi que le bas de la robe. On plaçait la ceinture au-dessus des hanches. La tête était couverte d'un voile richement brodé, lequel enveloppait les épaules et descendait presque jusqu'à terre, ce qui donnait à l'ensemble du costume un caractère particulier de majesté.

Sous ce voile se dérobait la chevelure.

Dans des miniatures que l'on admire dans la bibliothèque Mazarine, une reine a sur la tête un diadème triangulaire, avec un voile qui retombe de chaque côté sur les épaules. La tunique de dessous est noire ; celle de dessus, ressemblant à un manteau, est violette. L'une et l'autre ont des bordures jaunes. Cette reine chausse des souliers jaunes.

Dans la célèbre Bible de Charles le Chauve, monument historique des plus curieux, on voit quatre femmes vêtues de chlamydes aux couleurs variées. Celles qui sont placées dessus sont blanches, et leurs manches sont de brocart d'or, à l'exception d'une seule, qui est rose. Les chlamydes de dessous ont une couleur orange ardent, brun clair, bleu clair, violet, et leurs manches sont bleu clair, avec des broderies rouges fixées sur bandes en or.

En faisant la part de l'imagination de l'artiste, ce document ne nous éclaire pas moins sur le vêtement de l'époque.

Remarquons que ces quatre femmes portent des souliers noirs, non des bottines.

Il existe peu de matériaux qui permettent à l'historien de retracer les costumes des princesses et dames de la cour sous les Carlovingiens.

A plus forte raison l'histoire est-elle à peu près muette sur le vêtement des bourgeoises. Nous savons pourtant que celles-ci avaient des jupes extrêmement longues, et qu'elles entouraient leur tête d'un voile presque semblable aux voiles de nos religieuses, mais plus épais et plus tenu au corps.

Chez les femmes d'un rang élevé, l'amour de la parure s'accorda avec le goût que montrèrent les parentes de Charlemagne, dont les contemporains se sont occupés.

Des bandelettes de pourpre s'enlaçaient dans les cheveux de la reine Luitgarde ; elles serraient ses tempes éblouissantes de blancheur. Des fils d'or attachaient sa chlamyde, espèce de manteau retroussé sur l'épaule droite. Un béryl, pierre précieuse et transparente, d'un vert bleuâtre, était enchâssé dans le métal de son diadème. Son habit se composait de lin plein de finesse, teint avec la pourpre ; son cou étincelait de pierreries.

Rotrude, fille aînée de Charlemagne, marchait enveloppée dans un manteau que retenait une agrafe d'or enrichie de pierres précieuses. Des bandes d'étoffes violettes se mêlaient harmonieusement à sa belle chevelure blonde. Une couronne d'or, diaprée de pierreries non moins brillantes que celles de l'agrafe, ceignait sa tête et lui donnait un air de majesté vraiment remarquable. Rotrude avait été promise en mariage à l'empereur Constantin, qui entendit parler de sa beauté.

Quant à Berthe, autre fille de Charlemagne et femme d'Angil-bert, ses cheveux disparaissaient ordinairement sous un réseau d'or. Sa coiffure produisait autant d'effet que celle de Rotrude. Des chrysolithes, pierres d'un jaune d'or mêlé d'une légère teinte de vert, parsemaient les feuilles d'or de ses vêtements.

Gisla, la plus connue parmi les parentes du grand empereur, portait un voile rayé de pourpre et un manteau teint avec les éta-mines de mauve. Rhodaïde était montée sur un cheval superbe; une pointe d'or, dont la tête était émaillée de pierreries, fermait sa chlamyde de soie. Le manteau de Théodrade était de couleur d'hyacinthe, rehaussée par un mélange de peaux de taupe; les perles étrangères scintillaient à son beau col; ses pieds chaus-saient le cothurne grec.

Ainsi s'expriment des écrivains de l'époque, lesquels nous apprennent encore que les Carlovingiennes ne portèrent plus qu'une ceinture, placée très-bas. Les étoffes, souvent transpa-rentes, laissaient voir le nu des épaules, des bras et des jambes. Leurs robes, d'ailleurs, étaient assez serrées pour qu'on aperçût le jeu « onduleux et gracieux » de tous leurs mouvements.

Peu à peu, sous les successeurs de Charlemagne, les étoffes transparentes disparurent, et le costume des femmes prit de l'ampleur. Elles se couvrirent de voiles. Sous les derniers Carlo-vingiens, la richesse et l'élégance des vêtements féminins dimi-nuèrent. Les dames se mirent à adopter des chaperons.

Leurs chaussures restèrent fines, délicates, le plus souvent noires et couvertes de perles.

Fréquemment il arrivait aux Carlovingiennes de marcher avec une canne surmontée d'un oiseau. Cela se voyait surtout dans les promenades.

D'après la statue d'Adélaïde de Vermandois, veuve du comte d'Anjou, Geoffroy dit « Grisgonelle », et morte en 987, l'ajustement des dames âgées, au dixième siècle, offrait les détails suivants : manteau recouvrant une robe à manches larges, passée elle-même

par-dessus un autre vêtement. Les manches de ce vêtement, serrées, boutonnées, se terminaient au poignet. Une guimpe recouvrait le haut de la poitrine, entourait le cou et rejoignait le voile
qui formait, aux deux côtés de la tête, sur chaque oreille, deux
gros bourrelets d'aspect assez étrange.

En résumé, les femmes de cette époque adoptaient une mise
dont la richesse n'excluait pas la sévérité. Les joyaux, quelquefois
d'un très-grand prix, n'avaient rien du clinquant que l'on remarqua
plus tard dans les toilettes des nobles personnes de la cour.

HISTOIRE DE LA MODE

CARLOVINGIENNES
898 à 987

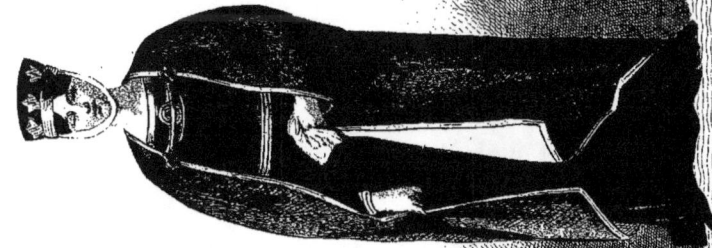

CAPÉTIENNES
1190 à 1364

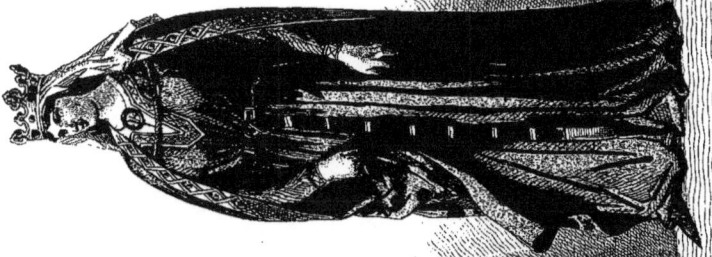

CHAPITRE IV

ÉPOQUE CAPÉTIENNE

987 A 1270

Premiers temps de l'époque capétienne. — Variétés du costume dans les provinces. — Modes du duché de France. — Le goût français, à dater du onzième siècle. — Le luxe augmenté à chaque génération. — Le « dominical ». — Les femmes du douzième siècle. — Ornements de tête. — Treizième siècle. — Mode des « grèves » et des voiles. — Au quatorzième siècle, usage du « couvre-chef ». — Cotte hardie, surcot, cape, robe à queue, « gauzape ». — Accessoires. — Robes blasonnées. — Étoffes diverses.

Cependant, à mesure que la nation prenait de l'unité, à mesure que la France tendait à se constituer, le costume devenait plus original, plus spécial. Le souvenir de l'occupation romaine et les influences de l'invasion barbare s'effaçaient sensiblement.

Ce n'étaient plus des Gallo-Romaines, des femmes frankes, des Germaines qui habitaient le sol de notre patrie : c'étaient des Françaises du temps féodal et du moyen âge, dont la nationalité s'accentuait de jour en jour. C'étaient nos aïeules véritables qui, dans leur costume comme dans leur vie privée, ne se contentaient pas d'imiter les façons de vivre des temps antiques.

Depuis l'avénement des Capétiens jusqu'à la Renaissance, la variété des vêtements se développa dans toutes les provinces qui devaient former plus tard la France une et homogène. La Bretonne, la Bourguignonne, la Flamande, la Gasconne, la Provençale, etc., adoptèrent un costume local, ajoutant au principe généralement admis pour la forme de l'habit toutes sortes d'accessoires qui existent encore un peu aujourd'hui, et dont nous ne pouvons entreprendre la longue description.

Le duché de France, noyau de la France moderne, suffira pour nous donner une idée exacte des modes anciennes ; de même que Paris, de nos jours, est le grand centre et le point de départ de toutes les innovations dans le costume.

Le vêtement, la mode et le luxe varièrent fréquemment, à dater du onzième siècle. Guillaume, archevêque de Rouen, provoqua un concile en 1096, lequel décréta que ceux qui conserveraient une longue chevelure seraient exclus de l'Eglise pendant leur vie et qu'on ne prierait pas pour leur âme après leur mort. Le goût français, stimulé par les importations étrangères, s'épura en raison des relations commerciales qui s'étaient établies avec le Levant, et l'habit rudimentaire des deux premières races fit place à une mise pouvant s'accorder avec les magnificences de la chevalerie. Les femmes parèrent leur front de bandeaux de pierreries, de couronnes de roses ou de résilles d'or.

On n'exagère pas en disant que chaque génération a vu augmenter la recherche dans la parure des hommes, et surtout dans celle des femmes ; que les caprices de la toilette ont commencé de se manifester par ces sortes d'excentricités dont nous nous moquons encore ; que le luxe, conséquemment, a régné en maître parmi les populations, malgré toutes les entraves de l'autorité prétendant imposer ses lois aux goûts des particuliers.

Un grand nombre de miniatures nous montrent les dames de distinction, au onzième siècle, portant le manteau et le voile. Ce dernier objet s'appelait « dominical », parce que les femmes s'en paraient ordinairement le dimanche, pour se rendre à l'église. Elles devaient avoir le dominical sur la tête, quand elles s'approchaient de la sainte table. Suivant les statuts synodaux, les femmes auxquelles le voile manquait étaient forcées d'attendre au dimanche suivant pour communier. Au moment de recevoir l'hostie, elles devaient tenir dans la main un bout du dominical.

Au douzième siècle, beaucoup de femmes entourèrent leur tête d'un simple ruban, garni de fleurs ou de fleurons pour les dames de la cour, qui portaient, en outre, les unes une espèce de mentonnière encadrant le visage, les autres un claque-oreille, chapeau aux bords pendants. Les filles du peuple se coiffèrent avec un voile ou avec un chaperon de drap ; les dames de qualité se distinguèrent par un chaperon de velours.

Ces ornements de tête seyaient à nos Françaises, qui, par la suite, les modifièrent très-légèrement.

Au treizième siècle, néanmoins, les femmes partagèrent leurs cheveux au milieu du front et formèrent une raie nommée « grève ». Elles avaient un voile, rigoureusement exigé par l'Eglise, puisqu'un prêtre ne pouvait entendre en confession une dame non voilée, selon un article du concile de Salisbury.

Au quatorzième siècle, les Françaises quittèrent les voiles pour les cornettes, espèces de coiffes ou béguins. Leur chapeau s'appela « couvre-chef ». Qu'on se représente une carcasse de parchemin, recouverte de drap fin, de soie ou de velours. Cela était bien fantaisiste, qu'on nous permette cette expression toute moderne.

Mais l'usage du couvre-chef ne se prolongea pas au delà de 1310. Il dura quelques années à peine, sans doute à cause de son étrangeté.

Les femmes, sous le rapport de la coiffure, allaient bientôt tomber, nous le verrons, dans les singularités très-coûteuses, et se faire un jeu de blesser les règles de la modestie.

Longtemps les Françaises avaient revêtu un costume à peu près semblable à celui des hommes, conséquemment assez sérieux. Elle avaient porté la cotte hardie et le surcot, en se couvrant la tête d'un bonnet en pointe d'où pendait un voile, entourant leurs épaules et leur cou, comme une guimpe de religieuse. Les surcots ne tardèrent pas à être pourvus de manches gigantesques et volantes, ce qui leur enleva un peu de leur aspect sévère, ce qui les rendit plus agréables à la vue.

S'il vous arrive de lire le roman d'*Ermine de Reims*, vous y remarquerez cette phrase :

« Il me vint deux femmes portant surcots plus longs qu'elles n'étoient, environ une aune, et il falloit qu'elles portassent à leurs bras ce qui étoit bas ou trainoit à terre, et avoient aussi poignées en leurs surcots, pendant aux coudes... »

La plupart des romanciers du moyen âge décrivent des costumes semblables. Le surcot, commun aux personnes des deux sexes sous le règne de saint Louis, tirait probablement son nom du mot allemand *cursat*, qui signifiait une espèce de robe. On appelait aussi « surcot » un vêtement que les chevaliers de l'Etoile, institués par Jean le Bon, mettaient sur leurs manteaux.

D'après des bas-reliefs d'ivoire (douzième siècle), la reine de France portait une robe boutonnée par devant, avec manches boutonnées aussi depuis le coude jusqu'à la main ; un manteau ouvert par les côtés, pour pouvoir y passer les bras, avec un grand collet laissant découvert le haut de la poitrine, et terminé par deux pointes. Les autres femmes étaient vêtues de robes non ouvertes par devant, et parfois ayant une double manche. La manche supérieure s'élargissait en descendant, pour se terminer au haut de l'avant-bras.

A cette même époque, les hommes et les femmes s'enveloppèrent, par les temps rigoureux de l'hiver, dans une « cape » ou « chape », long manteau surmonté d'un capuchon qui se rabattait aux jours de pluie.

Combien la chape était chose indispensable, notamment pour les voyageuses ! Elle garantissait du froid et de la pluie ; elle rendait des services analogues à ceux du waterproof actuel. Un ancien écrivain parle d'un comte et d'une comtesse, si pauvres, qu'ils n'avaient « qu'une chape en commun ». Louis VII ne permit qu'aux femmes honnêtes d'en porter.

En ne conservant que la partie supérieure de la chape, on forma le chaperon, qui ne couvrait que les épaules. Le chaperon avait généralement un bourrelet sur le haut, et une queue pendant par derrière. Le chaperon, qui était une marque de bourgeoisie, demeura en usage durant plusieurs siècles.

Chez les princesses et les dames nobles, tantôt la robe à longue queue, à collet renversé, dont les manches étaient étroites et fermées, s'ouvrait et descendait jusqu'à terre ; tantôt elle était fermée par devant, recouverte d'un manteau et garnie de boutons. Une guimpe cachait le bas du visage et le cou. Souvent les femmes adoptaient la « gauzape » ou robe sans manches, armoriée, traînante, ornée d'hermine, ce qui les distinguait des roturières. Presque toujours elles avaient l'aumônière, le chaperon riche ou la couronne de perles.

Les toilettes de Blanche de Castille et de Marguerite de Provence nous restent comme curieux spécimens de ce temps.

Le costume féminin fut d'abord luxueux, pendant le treizième siècle, lorsque les grandes dames et les riches bourgeoises, aux cheveux longs, ayant dans leur port quelque chose de la prêtresse grecque ou de la matrone romaine, prirent la robe juste au corps, souvent ornée d'une belle ceinture de rubans de soie ou d'étoffe dorée, avec le surcot et le mantel fourré. Un voile, attaché au sommet de leur tête, flottait sur leurs épaules. Parfois leur robe s'ouvrait sur la poitrine, et laissait voir une manière de collerette brodée et artistement travaillée.

Alors les plus nobles commencèrent à blasonner leurs robes, justes et montantes. A droite, elles placèrent l'écusson de leur mari ; à gauche, elles placèrent les armes de leur propre famille. Elles fendirent leurs manches extraordinairement, depuis le coude jusqu'au poignet, d'où pendait un lambeau d'étoffe.

On « historiait » une robe en y mettant des fleurs de lis, des oiseaux, des poissons et des emblèmes de toute sorte.

A ce propos, rappelons que les étoffes pour vêtements s'étaient fort multipliées. Il y avait le « cendal », qui était à peu près le taffetas d'aujourd'hui, et le « samit », qui devait, selon toute apparence, ressembler beaucoup au cendal.

Il y avait le « pers », ou drap d'un bleu foncé ; le « camelin », étoffe fabriquée avec des poils de chameau, et dont le « barracan » n'était qu'une variété. Les lisses du barracan affectaient la forme de barres ; plusieurs historiens pensent que son nom lui venait de cette particularité.

Il y avait l' « isambrun », c'est-à-dire le drap teint en brun ; le « molequin », qui était une étoffe de lin ; la « brunette », qui était une étoffe teinte en brun ; la « bonnette « ou drap vert, et le « galebrun » ou drap de couleur brune.

L'art de tisser et l'art de teindre avaient fait de remarquables progrès. Le temps était passé de la rustique bure, et le goût des belles étoffes se répandait jusque parmi les classes infimes du peuple.

Il paraît que les fabricants de soieries de Reims étaient peu scrupuleux. Ils exploitaient le goût du jour, en introduisant de la laine et du fil dans les étoffes qu'ils vendaient pour être de la soie pure ; ou bien ils se servaient de soies mal teintes. A Reims, et dans plusieurs autres localités, les gens disaient proverbialement : « mensonge de teinturier ».

L'étoffe bon teint ! C'est encore la grande question, chez nos modernes marchands de nouveautés. Le vendeur garantit cette qualité précieuse, et l'acheteur ne s'aperçoit que trop tard de la vérité vraie, en désaccord avec les promesses qui lui ont été faites.

CHAPITRE V

INFLUENCE DES CROISADES

1270 A 1350

Sévérité du costume féminin. — La robe longue et la guimpe. — Réapparition du luxe — Habitudes orientales. — Desservants de la mode. — Tentations perpétuelles. — Premières lois somptuaires. — Fourrures. — Opinion de saint Louis sur la toilette. — Défenses faites par Philippe le Bel.

Sous l'influence des croisades, et d'après les vœux de saint Louis, le costume féminin emprunta donc beaucoup à la sévérité du vêtement des hommes. Durant le règne de Louis VIII, le manteau avait été la marque distinctive des femmes mariées. On prétend que les filles de saint Louis, ayant les jambes et les pieds mal faits, s'ingénièrent pour porter des robes longues, afin de dissimuler leur difformité.

Coquetterie bien pardonnable, n'est-ce pas? Cela fit loi dans la mode.

Une fois la robe longue introduite, elle résista à bien des essais contraires. Sous Philippe III, les femmes, cachant leur poitrine avec une guimpe, ressemblèrent presque à nos sœurs de charité. Il paraît que cet usage du frac et de la guimpe fut l'œuvre de Marie, seconde femme du roi, qui avait le cou trop long et la gorge absolument plate.

Entraînées, ou tout au moins dominées par l'esprit religieux qui enflammait alors tant d'imaginations, les dames de la cour s'habillèrent d'une façon modeste, à quelques exceptions près. Elles conservèrent, en l'embellissant, le voile ordonné par les décrets ecclésiastiques. La reine Marguerite de Provence, dont la robe « à corsage serré », évasé aux manches, avait des manches longues et droites, dont le manteau fleurdelisé à longues manches fendues était bordé d'hermine, portait un voile plié, une bande passant sous le menton, sans être adhérente au visage.

Mais ces idées ne triomphèrent pas longtemps du démon malin de la coquetterie. D'une part, les gens de grande richesse se complurent dans le luxe, et plus d'un chevalier, revenant des croisades, garda en France les habitudes orientales. D'autre part, les classes moyennes et inférieures voulurent imiter les nobles seigneurs ; bien des femmes de manants essayèrent de se vêtir comme les épouses altières des croisés.

Par suite des rapports existant entre la France et l'Europe avec l'Orient, et malgré les convictions religieuses dù temps, la mode avait pour desservants une foule innombrable d'artisans et d'ouvrières : drapiers ou tisserands de langes, tailleurs de robes, dorlotiers ou rubaniers, crespiniers de fil ou de soie, qui fabriquaient des franges ; chevanassiers , qui tissaient la grosse toile de chanvre appelée *canevas ;* pierriers ou joailliers, qui s'épuisaient en inventions de mille sortes ; orfévres, dont les ouvrages émerveillaient tout le monde ; batteurs d'or et d'argent ; fileresses de soie à petits fuseaux ; teinturiers, aptes à changer les couleurs des étoffes ; fondeurs de boucles et d'agrafes délicates ; fourreurs, possédant les marchandises les plus rares et les plus coûteuses ; boutonniers d'archal, de cuivre ou de laiton.

Les gantiers employaient dans leurs fabriques la basane, le vair, le gris, la peau de cerf. Partout se rencontraient des chapeliers de feutre, et des chapeliers de fleurs, et des chapeliers de coton, et des chapeliers de paon, sans compter les tisserandes de couvrechef de soie et les « faiseresses » de chapeaux d'orfroy. Les villes principales du royaume abondaient en chaussiers, en fabricants de chausses en drap, en toile ou en soie ; en baudroyeurs ou corroyeurs ; en cordonniers qui tournaient très-habilement les pointes à la poulaine, recourbées parfois outre mesure, et ressemblant à la proue d'un navire. Généralement, le soulier à la poulaine défigurait le pied d'une manière très-désagréable.

Dans les boutiques d'orfévres, l'œil des femmes était ébloui par les jolies agrafes, les bracelets, les colliers et autres pièces merveilleusement faites ; chez les tailleurs, de riches, de trop riches habits étaient confectionnés. Quelques miroitiers tenaient magasin ouvert : ils fabriquaient des objets charmants. Citons un miroir représentant les fiançailles de deux promis, que l'on retrouve dans une collection célèbre.

En tous lieux, la tentation était perpétuelle. La coquetterie dévorait des fortunes ; elle poussait les pauvres aux sacrifices insensés. Impossible bientôt de reconnaître la condition de telle ou telle Française.

Pour ramener chacun au respect de l'inégalité des rangs, établie en principe, corroborée par le costume même, pour empêcher une femme de revêtir le vêtement exclusivement réservé à une autre, les rois se mirent à promulguer des lois somptuaires.

Philippe-Auguste s'éleva contre les fourrures ; mais, à sa cour, il ne donnait pas l'exemple de la simplicité. « La robe et le manteau fourré qu'eut la reine à la Saint-Remi, coûtait vingt-huit livres moins trois sous ; l'habillement d'une dame du palais, huit livres ; l'habillement des chambrières, cinquante-huit sous chacun. »

Il est curieux de savoir ce que pensait saint Louis, neuvième du nom, à propos de la mode et de ses droits. Ce prince disait à ses courtisans : « Vous vous devez bien vêtir et nettement, pour ce que vos femmes vous en ameront mieux, et votre gent vous en priseront plus... »

Après la croisade, il voulut remédier au luxe ; plusieurs dispositions de saint Louis précédèrent celles où Philippe le Bel publia des défenses relatives aux habits.

Par l'énoncé de ces défenses, on pénètre fort avant dans la question des mœurs du temps. « Nulle bourgeoise ne peut *avoir chariot*. Nul bourgeois ne bourgeoise, déclare Philippe le Bel, ne portera vair, ne gris, ne hermines, et se délivreront de ceux qu'ils ont de Pasques prochaines en un an, et ne pourront ni porter or, ne pierres précieuses, ne ceintures d'or, ne à perles... Les ducs, les comtes, les barons de six mille livres de rente, ou de plus, pour-

3

ront faire faire quatre paires de robes par an, et non plus, et à leurs femmes autant... Nulle damoiselle, s'elle n'est chastelaine ou dame de deux mille livres de rente, ou de plus, n'aura qu'une paire de robbes par an, et s'elle l'est, en aura deux paires, et non plus... Nul bourgeois, ne bourgeoise, ne escuyer, ne clerc, s'il n'est en prélation, ou en greigneur (plus grand) estat, n'aura torche de cire... »

Il fut interdit aux femmes des barons, « tant fussent grandes », d'avoir des robes de plus de vingt-cinq sous tournois l'aune de Paris ; aux femmes des bannerets et des châtelains, d'en avoir de plus de dix-huit sous l'aune ; aux bourgeoises, d'en avoir de plus de seize sous neuf deniers l'aune au plus.

Dans l'échelle sociale, les écuyers domestiques étaient fort inférieurs aux compagnons, et au-dessous des écuyers ; de même, les dames de compagnie l'emportaient de beaucoup sur les dames d'atour et d'antichambre. Remarquez aussi les expressions « dame de six mille livres de rente ». Elles montrent que la richesse donnait quelque indépendance, constituait quelque privilége.

HISTOIRE DE LA MODE

Charles V
1364, à 1386

Charles VI
1380, 1395

CHAPITRE VI

RÈGNES DE JEAN ET DE CHARLES V

1350 A 1380

Les États du Languedoc. — Une jeune Française au quatorzième siècle; une emme noble au quinzième. — *Le Parement des dames.* — Distinctions sociales. — Bonne renommée vaut mieux que ceinture dorée. — Châteaux et autres demeures pendant le moyen âge. — Ameublements somptueux. — Demeures des pauvres. — Réunions.

Malgré l'autorité, les dépenses folles pour la toilette allèrent leur train, quand la grande majorité des Français criait misère. Les Etats du Languedoc furent forcés, en 1356, de défendre les riches habits jusqu'à la délivrance du roi Jean, prisonnier en Angleterre. De nobles seigneurs et de nobles dames insultaient par leurs prodigalités aux malheurs de la nation.

Mais la manière de se vêtir, pour les veuves, ne put braver les usages reçus. Elles se conformèrent à l'interdiction qui leur était faite de ne prendre comme parure ni voilette, ni crépines, ni couvre-chef. De même que les religieuses, elles ne parurent en public qu'avec une guimpe enveloppant leur tête, leurs oreilles, leur menton et leur cou.

On appelait *crestine*, *crespine* ou *crespinette* le réseau de soie ou d'or dans lequel les femmes renfermaient leurs cheveux. Ces réseaux ont reparu, à diverses époques de notre histoire, jusque dans ces dernières années.

Efforçons-nous d'organiser un portrait de femme pendant les temps féodaux, à l'aide des rares matériaux que nous possédons. Aucun peintre et peu de statuaires à consulter. Quelques érudits, seulement, nous fournissent certaines indications précieuses.

La jeune Française, au quatorzième siècle, avait les cheveux entortillés dans un lacet noir autour de la tête ; une robe blanche, brodée en argent; contournée au cou, aux épaules, aux coudes et dans le bas, par des filets d'or. Souvent ses petites manches, qui arrivaient du coude au poignet, étaient à carreaux rouges et blancs, garnis de deux filets d'or. Elle portait une chaussure noire. Quelquefois elle avait les cheveux contenus par un voile blanc entrelacé d'un ruban enrichi de perles, ou bien elle adoptait une manière de couronne de perles et marchait les cheveux épars.

Montfaucon, dans ses *Antiquités de la couronne de France*, nous a conservé la robe armoriée d'une femme noble. Une Bible nous représente une femme coiffée d'une espèce du ruban de tissu d'or, qui recouvre un petit bonnet jaune orné de boutons d'or. La robe de dessus est garnie d'hermine sur la poitrine, avec une bande dorée ; la partie inférieure est de drap d'argent avec le lion rampant et trois étoiles rouges. La robe de dessous, d'un jaune obscur, est serrée par une ceinture dorée. Une miniature de la Bibliothèque nationale offre à nos regards une noble Française du quinzième siècle, ayant une coiffure en étoffe de soie, une robe d'étoffe blanche garnie de fourrure, une robe de dessous jaune et ornée d'une broderie d'or au cou, une chaussure noire.

Dans *le Parement des dames*, d'Olivier de la Marche, le poëte et chroniqueur du quinzième siècle mentionne les pantoufles, les souliers (probablement de cuir noir), les chausses, la jarretière, la chemise, la cotte, la « pièce de l'estomac », le lacet, l'espinglier, l'aumosnière, les couteaux portatifs, le miroir, la coiffe, le peigne, le ruban, la « templette », ornement ainsi appelé parce qu'il recouvrait les tempes en accompagnant la coiffe d'une ligne onduleuse. Ajoutons la gorgerette, les gants et le chaperon, et nous connaîtrons la « toilette de dessous » d'une dame noble, dans la première moitié du quinzième siècle. Pour la « toilette de dessus », n'oublions pas que la robe était presque toujours à grands dessins.

En dépit des défenses, des distinctions sociales, le désir d'attirer les regards porta toutes les femmes à s'habiller de la même manière. Il en résulta une confusion qu'il fallut absolument faire disparaître.

Saint Louis défendit à quelques-unes le port de la chape, de la robe à collet renversé et à queue, avec la ceinture dorée. Il voulait que l'on pût, à Paris et dans tout son royaume, établir facilement une distinction entre les classes.

C'était trop demander. L'ordonnance n'obtint pas le résultat désiré.

Plus tard, en 1420, le Parlement de Paris renouvela cette défense, sans plus de succès. On prétend que les femmes de haute vertu se consolèrent alors en disant : « Bonne renommée vaut mieux que ceinture dorée. » Vrai, ou seulement bien trouvé, ce mot a passé en proverbe.

Mais ne nous arrêtons pas à ces choses pénibles. Soyons historien, plus que moraliste, et continuons le récit des variations de la mode.

Le moyen âge, dans sa seconde période, avait multiplié les châteaux et les brillantes demeures. La vie privée s'était adoucie.

Quiconque avait acquis une fortune, ou seulement une certaine aisance, bâtissait une résidence selon ses goûts et faisait parfois étalage, par vanité, de toutes sortes de magnificences au-dessus de ses moyens. Les dressoirs, les bahuts, les coffres-forts sculptés, les ivoireries, les bronzes, les cuivres émaillés, les figurines, les reliquaires, et une foule d'autres objets jusqu'alors inusités, se rencontraient dans les palais, dans les maisons opulentes, même dans des habitations plus simples.

Chez le pauvre, on ne voyait rien de tout cela. Sa demeure n'avait pour ainsi dire pas changé depuis plusieurs siècles. Sa maison, sa chaumière ou son clozeau étaient toujours à peu près semblables. Il n'y possédait que le strict nécessaire. Une amélioration véritable se remarquait néanmoins dans son mobilier et dans ses ustensiles de ménage.

Logés plus confortablement, meublés avec plus de soin que par le passé, les Français et les Françaises progressèrent dans leurs façons de vivre. L'élégance y dominait.

A la ville et au fond des campagnes, on se réunissait le soir
pour se distraire, pour entendre une compagnie d'habiles méné-
triers, une sorte de concert. Dans une veillée, les femmes s'as-
semblaient pour filer, et les jeunes gens pour passer la soirée
auprès d'elles. Toute réunion de famille noble, bourgeoise ou
roturière, se plaisait à entendre des récits merveilleux. Les enfants se gaudissaient devant les petits livres d'images confectionnés exprès pour eux. Bien souvent des jeunes filles ou des
damoiseaux saisissaient leur luth et exécutaient des morceaux de
musique.

Être à table constituait le suprême plaisir des gens de toutes les
conditions. Les repas, splendides ou modestes, formaient le principal divertissement du foyer.

Toutes ces réunions développèrent la passion des beaux costumes. Ce fut, comme toujours, une des premières conséquences
de la civilisation.

HISTOIRE DE LA MODE

Charles VI

Charles VII et Louis XI

CHAPITRE VII

RÈGNES DE CHARLES VI ET DE CHARLES VII

1380 à 1461

Le goût s'épure en fait de costume. — La « cornette », le « hennin », sous Charles VI. — Les maris se plaignent. — Les prédicateurs émettent leur opinion. — Thomas Connecte s'élève contre l'invention diabolique. — Le frère Richard veut la réformer. — Le hennin triomphe. — Costume de Jeanne de Bourbon. — « Escoffion ». — Taille ridicule. — Isabeau de Bavière. — Faste de la cour. — Agnès Sorel. — Diamants. — Cannes et char branlant.

Chose singulière, et plus fréquente qu'on ne pourrait le croire, la terrible guerre de Cent ans, qui fit couler des torrents de sang anglais et français, ne diminua en rien l'ardeur des dames pour la toilette, pour la fantaisie, pour les superfluités et les excentricités sans pareilles.

Il faut même reconnaître que cette triste époque de notre histoire nationale marque dans les fastes de la mode.

Depuis l'avénement des Capétiens, le costume et le luxe avaient éprouvé de fréquentes variations. Le goût français, stimulé par les importations étrangères, s'était fort épuré.

Sous Charles V et Charles VI, notamment, la fantaisie commença à jouer un rôle considérable dans la toilette des femmes. Les anciens béguins se changèrent en hennins. Tout autre que l'ornement de tête portant le même nom et adopté par les hommes, la « cornette » des femmes, dite aussi « hennin », était une espèce de bonnet à deux cornes très-élevées qui fut introduit en France par Isabeau de Bavière, épouse de Charles VI.

Séduites par la nouveauté de ce bonnet, les dames s'empressèrent d'imiter la reine, et ce fut à qui aurait les hennins les plus

riches, les cornes les plus pyramidales. De ces cornes descendaient, en flottant sur les épaules, des crêpes, des franges et
d'autres ornements. Comme une pareille coiffure coûtait fort cher,
les maris s'en plaignaient beaucoup. Les dames et les demoiselles
« faisaient grand excès en états, et portaient des cornes merveilleusement hautes et larges, ayant de chaque côté deux grandes
oreilles si larges que, quand elles voulaient passer par un huis
(porte), il leur était impossible d'y passer. »

Seulement, en signe de deuil, la cornette se roulait autour du
cou et se rejetait par derrière.

Les confesseurs, surtout les moines, joignirent leurs plaintes à
celles des maris. Ils traitèrent le hennin d'« invention diabolique ».
Une véritable, une implacable croisade ne tarda pas à s'organiser
contre la gigantesque coiffure.

Un moine breton, nommé Thomas Connecte, prêcha, en 1428,
dans la Flandre, l'Artois, la Picardie et les provinces voisines. Il
allait de ville en ville, monté sur un petit mulet, et suivi de nombreux disciples à pied. Dès qu'il arrivait quelque part, il disait une
messe sur un échafaud expressément dressé pour lui. Ensuite il
prêchait contre les prêtres insermentés, contre les « hennins » des
grandes dames, contre les joueurs, auxquels il demandait de brûler
damiers, échiquiers, cartes, quilles et dés. Il appelait à son aide
les enfants et leur donnait souvent l'exemple de crier « au hennin ! »
quand il voyait paraître dans les rues quelque femme à haute coiffure. Lorsque celle-ci ne trouvait pas bien vite un refuge dans une
maison, elle était couverte de boue, traînée dans le ruisseau, quelquefois même dangereusement blessée.

Le peuple regardait Connecte comme un réformateur admirable
des mœurs ; mais il ne réforma point la coiffure des femmes. Le
hennin triompha de ses sarcasmes.

Un autre moine, un cordelier, le frère Richard, marcha sur les
traces du carme Connecte. Il entreprit, le 16 avril 1429, de prêcher
à l'abbaye de Sainte-Geneviève, et il continua chacun des jours
suivants, jusqu'au 26 avril, montant en chaire à cinq heures du
matin, et l'occupant jusqu'à dix ou onze heures. Il voulait, lui

aussi, réformer la toilette des femmes, les grandes coiffures. Ses prédications firent un peu de tumulte ; aussi, le gouverneur de Paris renvoya frère Richard, après son dixième sermon.

On ne peut dire que ces religieux prêchaient dans le désert. Partout où ils élevaient la voix, l'auditoire était nombreux. Conformément au vœu des réformateurs, les hennins cessèrent de paraître. Mais il n'y eut qu'une disparition temporaire. « Les dames faisaient comme les limaçons, dit l'historien Guillaume Paradin, lesquels retirent et resserrent leurs cornes, mais, le bruit passé, soudain les relèvent plus que devant : ainsi les dames, car les hennins ne furent jamais plus pompeux qu'après le partement (le départ) du frère Thomas Connecte. »

En définitive, soit que les maris parlassent au nom de l'économie, soit que les religieux invoquassent les saints décrets, la victoire resta aux femmes. Elles n'abandonnèrent la mode du hennin que par un caprice semblable au caprice qui le leur avait inspiré.

Personne ne s'attendra à trouver les Françaises plus constantes ou moins prodigues que leurs maris dans la question de toilette. Déjà, sous Charles V, la beauté réclamait ses droits ; la coquetterie mordillait le cœur des femmes, désireuses de plaire. Quittant le costume du moyen âge et laissant à découvert une partie de la poitrine, elles se coiffèrent de bourrelets à cornes, outre les hennins ; de pièces d'étoffes découpées et appliquées les unes sur les autres, ainsi que les pétales d'une fleur.

Jeanne de Bourbon, femme de Charles V, se vêtit « d'habits royaux larges et flottants, en sambues pontificales qu'ils appellent « chapes », ou manteaux d'or ou de soye couverts de pierreries. » Les baronnes eurent « d'oultrageuses poulaines, des pendants d'oreilles, et semblaient cousues en leurs robes trop estraintes. » Cette expression « trop estraintes » se rapportait sans doute à la mantille que la reine Jeanne ajouta au costume, et qu'on nommait « corset ». Cette mantille descendait par devant et par derrière jusqu'à la taille. Faite de pelleterie en hiver, de drap ou de soie en été, garnie d'une sorte de busc, enfermée dans un galon d'or, elle était appareillée aux bordures du surcot, et rompait la monotonie des lignes autant que l'uniformité des couleurs.

Les dames, ayant la jupe du surcot traînante, la tinrent retroussée pour pouvoir marcher. Le surcot, en effet, ressemblait beaucoup à une robe.

Telles furent bientôt les dimensions exagérées du surcot, que, selon Christine de Pisan, un taillandier des robes de Paris confectionna pour une dame du Gâtinais une cotte-hardie dans laquelle il entra cinq aunes de drap de Bruxelles à la grande mesure. La queue traînait à terre de trois quartiers ; les manches descendaient jusqu'aux pieds.

Somme toute, il s'agissait là d'un riche habillement. Certaines femmes revêtaient des surcots plus longs qu'elles d'au moins une aune. Il fallait qu'elles « portassent à leurs bras ce qui estoit bas ou traînant jusqu'à terre, et avoient aussi poignets en leurs surcots pendant aux coudes, et leur gorge relevée en haut. »

Pour la coiffure, celles-ci passèrent de la tête nue aux crépines, aux coiffes, avec étoupes dessous et rembourrées, à « l'escoffion », sorte de béret rembourré. Plus tard, le mot *escoffion* devint un terme populaire, qui se dit de la coiffure des femmes du peuple ou des paysannes, des femmes coiffées malproprement. Les harengères qui se querellaient, avaient, remarquait-on, l'habitude de s'arracher leur escoffion.

Dans le même temps, chaque jour les accessoires les plus ridicules se produisaient, et faisaient dire à Eustache Deschamps, le gracieux poëte :

> Atournez-vous, mesdames, autrement,
> Sans emprunter tant de barribouras, etc.

D'extravagances en extravagances, sous Charles VI, où la houppelande constitua la toilette fondamentale des femmes, celles-ci en arrivèrent néanmoins au point d'adopter une fantaisie des plus bizarres, qui consistait à donner à la taille, dans sa partie antérieure, un développement exagéré. Cette coutume ridicule dura fort longtemps — quarante années.

L'usage des bracelets et des colliers remonte à ce règne, pendant lequel Isabeau de Bavière développa la mode des robes très-longues, à queue, et des manteaux à queue, que portaient aussi des suivantes ou des pages.

Cette habitude n'a point disparu à la cour, non plus que celle des livrées ou couleurs distinctives signalant tous les gens attachés à un puissant seigneur. Les livrées, existant depuis plusieurs siècles, se répandirent singulièrement sous le règne de Charles VI, époque où, malgré les défenses formelles, peu de femmes et de filles abandonnèrent « grand'foison de leurs pompes ».

Leur cotte-hardie était traînante et flottante. Seulement, cette cotte ceignait le milieu du corps, et, se rétrécissant, elle en marquait quelque peu le contour. Une riche fourrure la doublait. Comme le surcot cachait partout la cotte, excepté aux manches, les femmes retroussaient excessivement ces manches pour laisser voir leur cotte-hardie d'étoffe précieuse. Elles fendaient le surcot pour laisser voir leur ceinture ; et, malgré les prédications, rien ne prévalut contre cet usage.

Isabeau de Bavière, arbitre souveraine de la mode, ne manqua pas de caprices dont les châtelaines se firent des lois, tantôt pour la coiffure et tantôt pour la toilette.

Successivement parurent les « tripes », toques très-légères faites d'une espèce de tricot de soie, les « atours » bourrés de filasse, les coiffures telles, qu'on dut rehausser les appartements au château de Vincennes, alors demeure royale, pour faciliter la circulation des dames. Le costume de « folie » devint celui de toute la cour.

Ne fallait-il pas être belle, attirer les regards, éblouir les visiteurs, employer les appareils propres à prouver qu'on cherchait à mériter et à obtenir les hommages de tous? A cet effet, la Française entassa bijoux sur bijoux. L'usage des beaux livres d'heures, presque général, fit, pour ainsi dire, partie de la parure féminine :

> Heures me fault de Nostre-Dame,
> Si comme il appartient à fame (femme)
> Veuue de noble paraige,
> Qui soient de soutil (subtil) ouvraige,

D'or et d'azur, riches et cointes,
Bien ordonnées et bien pointes,
De fin drap d'or très-bien couvertes;
Et quand elles seront ouvertes,
Deux fermaux d'or qui fermeront, etc.

Jusqu'au règne de Charles VI, les Françaises n'eurent que des chemises de toile grossière ou de serge, c'est-à-dire de laine. Isabeau de Bavière porta pour la première fois une chemise de lin. Encore n'en possédait-elle que deux. Les belles du quinzième siècle firent comme elle. Afin de montrer qu'elles avaient des chemises de lin, elles fendirent les manches de leurs robes, pour qu'on vît leurs chemises ; elles entr'ouvrirent même leurs robes sur les hanches, de manière que leurs chemises fussent visibles du haut en bas ; elles imaginèrent enfin, dans leur vanité et leur coquetterie, de mettre de la toile de lin seulement aux parties que le public pouvait voir : le surplus de la chemise était en grosse toile ou en serge. Les chemises de lin demeurèrent objets de luxe jusqu'au temps de Louis XI.

Sous Charles VI, les chambrières avaient une robe généralement composée de trois pièces : un corsage d'une couleur ; une espèce de jupe relevée, d'une autre couleur ; un jupon avec une garniture plissée en bas, pareil à ceux que l'on porte aujourd'hui. Leur tête était ceinte d'une sorte de bonnet à la musulmane.

Tel est le costume que nous représentent des miniatures de la fin du quatorzième siècle.

On sait quels malheurs avaient accablé notre pays sous Charles VI. Les Anglais étaient maîtres d'une très-grande partie de la France lorsque Charles VII monta sur le trône et reçut, par dérision, le nom de « roi de Bourges », dont Jeanne d'Arc lui retira l'affront. Longtemps, alors, la mode se contint dans des limites resserrées.

Mais, aussitôt que la France eut repris son existence normale, la cour de Charles VII étala un faste dont le souverain donna l'exemple à son entrée dans Rouen. Charles VII montait un palefroi tout caparaçonné d'une housse de velours bleu semée de fleurs de lis d'or, dont le chanfrein était rehaussé de plaques d'or massif et de plumes d'autruche.

La gente Agnès Sorel aimait pour le moins autant le luxe qu'Isabeau de Bavière. De minimes changements s'opérèrent dans la toilette des femmes. Robes traînantes et à queue, hautes coiffures, attifets nombreux, étoffes précieuses, dentelles, gants, presque tout cela se retrouvait, vers le milieu du quinzième siècle, avec certaines innovations plus luxueuses encore, avec les bonnets coniques dont nos Cauchoises ont conservé la forme.

Agnès Sorel, célèbre par sa beauté et son esprit, joua en quelque sorte le rôle de souveraine. Toutes les femmes se guidèrent sur sa manière d'agir en fait de toilette. Or, cette brillante personne, que l'on surnommait « la Dame de beauté », revêtit bientôt les plus magnifiques costumes. A en croire un chroniqueur contemporain, elle « portait queues un tiers plus longues que nulle princesse du royaume, plus hauts atours, plus nombreuses robes et plus coûteuses », se décolletant jusqu'au milieu de la poitrine, telle que nous la représente un peintre du temps, dont on peut voir l'œuvre au musée historique de Versailles.

Les costumes introduits par « la Dame de beauté » ne furent pas immodestes seulement parce qu'ils engagèrent les femmes à se découvrir les épaules. L'excès du luxe ne connut bientôt plus de bornes, sous l'inspiration d'Agnès. Elle fut la première à porter des diamants dans sa chevelure, et on assure que, pour la première fois aussi, elle aurait cherché le moyen de tailler ces diamants à facettes.

Au quinzième siècle, un habit d'écarlate pour un duc ou un baron revenait à 20 livres par aune (environ 400 francs de notre monnaie). Il en fallait 2 aunes et demie pour confectionner un vêtement très-somptueux, coûtant 1 000 francs, mais durant plusieurs années. Le drap d'or coûtait 90 livres l'aune (1 800 francs).

Cela nous donne une idée du prix des vêtements en général.

Les robes de femmes exigeaient l'emploi de beaucoup d'étoffe, parce qu'elles étaient encore plus longues que celles des hommes. Quand on n'avait pas de page ou de jeune fille pour soutenir la queue, il fallait la plier et la porter sur le bras. Certaines robes, dites « à quinze tuyaux », faisaient autour de la taille de gros plis semblables à des tuyaux d'orgue. Pour aller à cheval, les femmes avaient des vêtements moins longs que d'habitude. C'étaient des robes « courtes à chevaucher ».

Beaucoup de dames de qualité, à cette époque, tenaient à la main de petites cannes légères, en bois rare, et dont la pomme était ordinairement ornée de la figure de quelque oiseau.

Puis, la reine de France étonna les Parisiens quand elle se promena parmi eux sur un « char branlant et moult riche », qu'elle avait reçu en cadeau du roi de Hongrie. Pendant longtemps, elle fut la seule à en posséder.

Ici, ne manquons pas d'observer que la cour commençait à indiquer à chacun les toilettes officielles.

Que nos lectrices nous pardonnent cette expression. Désormais les femmes devaient se diriger, dans leur mise, selon les modèles offerts par les grandes dames. La mode avait fondé son empire.

F. Fix

Charles VIII
1483 à 1498

HISTOIRE DE LA MODE

Louis XII
1498 à 1515

CHAPITRE VIII

RÈGNES DE LOUIS XI, DE CHARLES VIII ET DE LOUIS XII

1461 A 1515

Duchesse et bourgeoise, sous Louis XI. — Robes à queue. — Coiffures. — Les perruques et les cheveux faux. — Résultats des guerres d'Italie. — Modes italiennes. — Les «sollerets», les «pantoufles». — Jean Marot écrit contre les nouveautés. — Anne de Bretagne. — Les épingles. — Une parisienne du temps de Louis XII. — Fabrication d'étoffes.

A peine fondé, l'empire de la mode eut des lois despotiques, dont il ne se départit jamais jusqu'à nos jours.

Par suite des goûts de luxe, d'art et de confortable qui se manifestèrent à l'époque où la Renaissance commença, le costume changea tout à coup de caractère. Cette remarque n'a échappé à aucun historien ; tous les monuments du temps la justifient.

Bien que le roi Louis XI affectât généralement la plus grande simplicité dans ses habillements, et qu'il « fît le bourgeois », parfois il lui plaisait de voir dans ses appartements une noblesse richement atournée, achetant de belles étoffes étrangères. Ce prince comprenait l'influence du costume sur la prospérité commerciale.

Aussitôt, à la ville, la bourgeoisie lutta contre la noblesse sous le rapport de la toilette. En Paris, dit un poëte,

> En Paris, y en a beaucoup
> Qui n'ont n'argent, vergier ne terre,
> Que vous jugeriez chascun coup
> Alliés aux grands chefs de guerre.
> Ils se disent issus d'Angleterre,
> D'un comte, d'un baron d'Anjou,

Parents aux sénéchaux d'Auxerre,
Ou aux châtelains du Poitou,
Combien qu'ils soient saillis d'un trou,
De la cliquette d'un meunier,
Voire ou de la lignée d'un chou,
Enfans à quelque jardinier.....
Une simple huissière, ou clergesse
Aujourd'hui se présumera
Autant et plus qu'une duchesse ;
Heureux est qui en finira !
Une simple bourgeoise aura
Rubis, diamans et joyaux,
Et Dieu sait si elle parlera
Gravement en termes nouveaux !...

Lorsque les bourgeoises se vêtaient plus luxueusement que leur rang ne le comportait, il devenait presque impossible que l'aristocratie féminine ne cherchât pas à briller et à éclipser ses imitatrices. « Les dames et demoiselles, à la cour de Louis XI, ne portaient plus nulles queues à leurs robbes, mais elles portaient bordures de gris de letisses (fourrures), de velours et aultres choses de largeur d'ung velours de hault ; elles portoient sur leurs chiefs bourlets en manière de bonnets ronds, et diminuant par-dessus de la haulteur de demie aulne, ou trois quartiers de long, aucunes moins, aultres plus, et déliés couvre-chefs par-dessus pendans par derrière jusques en terre, avec cinture (ceinture) de soye de la largeur de quatre ou cinq pouces, les tissus et ferures larges et dorés, pesant cinq, six et sept onces d'argent ; de larges colliers d'or en leurs cols, de plusieurs façons. »

Ce n'étaient que rubans, qu'aiguillettes sur leur ajustement. Elles avaient adopté le corset de soie séparé de la jupe, la robe de satin de Florence fendue par-devant et fourrée de putois en hiver. Ces détails distinguaient les nobles dames des simples bourgeoises.

Aux manches flottantes succédèrent les manches étroites et collantes. Les robes à corsage ouvert sur le devant et orné de laçures, à peu près comme les corsages à la suissesse, étaient garnies au collet, aux manches et à l'extrémité inférieure, d'une large bande de velours. Elles traînaient jusqu'à terre ; il fallait parfois une suivante chargée de porter la queue. Une ceinture, aussi en velours, couverte d'orfévrerie, ceignait étroitement la taille.

Il y eut trois sortes de coiffures : le bonnet pyramidal, le bonnet tronqué terminé par un bouton, et une coiffure formée d'un barillet (petit baril) à côtes. Les chapeaux furent plus communs sous Charles VI et Charles VII. On les porta en tout temps.

Les longs cheveux, naturels ou empruntés, étaient appelés perruques. Des poëtes firent la guerre aux cheveux faux, qui tombaient jusqu'aux yeux, cachaient les oreilles, s'arrêtaient à peine aux épaules, et devaient être frisés à leur extrémité. Les dames les portaient blancs ou d'un jaune ardent, comme nous les voyons encore au moment où j'écris cette histoire. Quelquefois elles les teignaient avec une infusion de pelure d'oignon.

Le règne des faux cheveux ou des cheveux longs ne devait finir qu'avec le règne de Louis XII.

Assurément, les miniatures admirables qui ornent des manuscrits du quinzième siècle démontrent un progrès dans la coiffure comme dans le costume. On y voit que, durant tout ce siècle, la coiffure en pain de sucre fut à la mode. En général, elle était garnie sur le front d'une bande de velours noir avec une broderie d'or. La partie de la robe placée sur la poitrine était de velours noir ouvragé dans le haut, et de tissu d'or jusqu'à la ceinture. La robe de dessus était de velours bleu, brodée en or, doublée et garnie de velours cramoisi. L'extrémité des manches était de même étoffe. Le voile se composait d'un tissu blanc et transparent. La ceinture, verte, étincelait d'ornements en or. La partie de la robe de dessous qu'on voyait dans le bas, était violette ; la chaussure était noire.

Le plus souvent, une jeune fille portait la queue de la grande dame. Cette jeune fille était coiffée d'un bonnet de velours noir ou de couleur brune.

Nos lectrices se rappellent que Charles VIII, fils de Louis XI, entreprit une expédition guerrière en Italie, où la « furie française » se manifesta dans toute sa puissance. Elles connaissent

sans doute les récits des entrées de Charles VIII à Florence, à
Rome, à Capoue et à Naples. « La découverte de l'Italie, dit avec
raison un éminent historien, avait tourné la tête aux Français ;
ils n'étaient pas assez forts pour résister au charme. Le mot propre
est découverte. Les compagnons de Charles VIII ne furent pas
moins étonnés que ceux de Christophe Colomb. »

D'un autre côté, les Italiens goûtèrent fort les manières agréables des Français. Sur le passage de Charles VIII, ils affectèrent
de s'habiller à la française et de faire venir de France une foule
d'objets servant à la parure.

Il s'opéra entre les triomphateurs et les vaincus un mutuel
échange de produits manufacturés. Les Français, brillants sous
leur costume encore chevaleresque, ne manquèrent pas d'exciter
une vive curiosité dans tous les endroits où ils paraissaient. Plus
il y avait de différence entre leurs vêtements et ceux des Italiens,
plus ces derniers aimaient à se vêtir selon la mode française. Ils
troquaient volontiers quelques bijoux et joyaux génois contre les
produits des ateliers d'Arras, ne fût-ce que par amour de la
diversité.

Lorsque le roi de France eut repassé les Alpes et fut rentré dans
sa capitale, les Françaises, elles aussi, éprouvèrent ce que les
soldats de Charles VIII avaient éprouvé en Italie.

Cette expédition leur «tourna la tête». Il en résulta, pour elles,
un véritable enthousiasme, lequel, tout naturellement, influa sur
les modes du jour. Nos Françaises laissèrent de côté les tristes et
froides parures du temps de Louis XI pour les vêtements à couleurs éclatantes ; elles adoptèrent beaucoup d'étoffes fabriquées
dans le Milanais ou en Vénétie. L'importation italienne ajouta des
accessoires à notre costume national. Les femmes aimèrent les
corsages ajustés, très-ornés, les jupes à manches fort larges, les
robes blanches à franges de couleurs diverses, avec le voile noir.
Elles ne voulurent plus du hennin, coiffure qui avait obtenu un
succès fou pendant le règne de Charles VI, et qu'elles déclaraient
maintenant horrible.

Au lieu des poulaines, on adopta les « sollerets », chaussures arrondies du bout, suivant la forme du pied. Il se fit des mules ou « pantoufles » très-légères, en velours ou en satin, de même forme que les solerets; il se fit des souliers, espèces de claques à hautes semelles, qui se mettaient par-dessus les pantoufles.

Nos mignonnes, dit le poëte Guillaume Coquillart, dans son travail intitulé *les Droits nouveaulx,*

> Nos mignonnes sont si trèshaultes;
> Que, pour paraître grandes et belles,
> Elles portent pantoufles haultes
> Bien à vingt et quatre semelles.

Les chausses ou bas se composaient de plusieurs pièces d'étoffe cousues ensemble. La chemise, mais la chemise de laine, était d'un usage général. La « gorgerette », col de linon plissé ou uni, montait jusqu'à la hauteur des clavicules, par-dessus la « pièce » ou plastron d'étoffe fixé sur la poitrine par un lacet. Le « demi-ceint », petite écharpe de soie, s'enroulant autour de la taille, se nouait en rosette par devant. La « ceinture », large ruban posé à plat sur les hanches, se nouait d'angle sur le ventre, y formait une rosette avec deux bouts pendants.

En fait d'accessoires, outre le « jarretier », dont on comprend l'usage, les femmes se servaient d'« épingliers » ou pelotes, de bourses en forme d'escarcelles, de couteaux, de « bagues » ou colliers, probablement, et de « patenôtres », chapelets d'orfévrerie, de perles ou d'objets précieux qui, au nœud de la ceinture, pendaient sur le devant de la robe.

Sous le règne de Louis XII, successeur de Charles VIII, la mise des dames ne subit que des changements sans importance. La robe, raccourcie jusqu'aux genoux, affecta la forme d'une ample capeline fermée, avec large échancrure sur la poitrine.

Une grande nouveauté introduite fut la coupe des manches, qui restèrent larges et flottantes pour la robe de dessus; mais les manches ajoutées au corset comprirent plusieurs pièces attachées ensemble par des rubans. Qu'on se figure l'élégance d'un corset de bleu d'azur, d'une robe en drap bleu foncé, de brassards en drap superfin de couleur verte. Certaines femmes revêtirent le costume à la génoise, ou à la milanaise, ou à la grecque. Le poëte Jean Marot ne ménagea pas ses critiques à l'adresse des femmes ainsi parées :

> De s'accoustrer ainsi qu'une Lucrèce,
> A la lombarde ou la façon de Grèce,
> Il m'est avis qu'il ne se peut faire
>   Honnestement.
>
> Garde-toy bien d'estre l'inventeresse
> D'habitz nouveaux; car mainte pécheresse
> Tantôt sur toy prendrait son exemplaire.
> Si à Dieu veux et au monde complaire,
> Porte l'habit qui dénote simplesse
>   Honnestement.

Nombre de dames riches commencèrent à venir à la cour, attirées par les manières séduisantes d'Anne de Bretagne, « la bonne reine », sur les caprices de laquelle toutes les Françaises, aux divers degrés de l'échelle sociale, réglèrent leur toilette ordinaire.

Comme Anne de Bretagne brillait par la beauté de sa jambe et la délicatesse de son pied, elle aimait les robes écourtées du bas. La plupart des femmes suivirent cette mode.

Depuis longtemps les dames connaissaient l'usage des épingles, et maintenant elles en abusaient. « O mesdames, s'écriait en chaire le cordelier Michel Menot, ô mesdames, qui faites les délicates, qui souvent manquez de venir entendre les paroles de Dieu, quoique vous n'ayez, pour entrer dans l'église, que le ruisseau à passer, je suis certain qu'on mettrait moins de temps à nettoyer une écurie où il y aurait quarante-quatre chevaux, que vous n'en mettez pour attacher vos épingles ! »

Vainement le prédicateur tonnait contre les épingles. La mode avait toujours raison. Présomptueux qui s'attaquait à elle : plus on la combattait, plus elle avait de partisans.

Remarquons un changement dans la manière de porter le deuil. Les anciennes reines de France avaient porté le deuil en blanc. A la mort de Charles VIII, Anne de Bretagne fut la première qui le porta en noir. Elle employa comme ceinture une cordelière de soie blanche, et entoura ses armes d'une cordelière semblable,

nouée en quatre endroits et enlacée de quatre lacs, afin de témoigner publiquement ses regrets d'avoir perdu un prince qu'elle
chérissait.

Clément Marot, fils de Jean Marot, a tracé ainsi le portrait d'une
Parisienne à la mode, du temps de Louis XII :

> O mon Dieu ! qu'elle estoit contente
> De sa personne ce jour-là ;
> Avecques la grâce qu'elle a,
> Elle vous avoit un corset
> D'un fin bleu, lacé d'un lacet
> Jaune, qu'elle avoit faict exprès.
> Elle vous avoit puis après
> Mancherons d'escarlate verte,
> Robe de pers, large et ouverte,
>
> . . . .
>
> Chausses noires, petits patins,
> Linge blanc, ceinture houppée,
> Le chaperon faict en poupée...

Cette description a besoin de commentaires, pour que l'on puisse
bien se figurer la tournure d'une élégante, à l'époque où Marot
écrivait.

Traduisez l'expression « corset d'un fin bleu » par celle de
corset en fin bleu d'azur. Au lieu de « mancherons », lisez brassards en drap de la plus grande finesse, parce que le mot *écarlate*
signifiait bonne qualité, et non pas couleur, comme aujourd'hui.
Évidemment, le « chaperon fait en poupée » était une pièce d'étoffe
placée sur la coiffure.

Quelquefois, ainsi qu'on le voit dans un manuscrit de la Bibliothèque nationale, les dames françaises s'habillaient « à l'italienne »,
c'est-à-dire avec plus de joyaux, adoptant la coiffure en cheveux,
les boucles sur le côté, et les nattes autour de la tête.

Sans avoir pris l'extension que les goûts du chevaleresque
François Ier devaient lui donner, le luxe des habillements féminins
ou masculins se manifestait de toutes parts.

Les foires privilégiées mettaient en vente une masse d'étoffes
plus ou moins précieuses. La draperie de la ville de Bourges était

tellement célèbre, que souvent les personnes riches stipulaient :
« Les habits se feront en drap fin de Bourges. » Les étoffes étrangères d'or, d'argent et de soie, entraient en France par Suse,
quand elles venaient d'Italie ; quand elles venaient d'Espagne,
elles entraient par Narbonne et Bayonne, pour être directement
conduites à Lyon, où on les déballait et vendait. L'aune de Paris
était moitié plus grande que celle de Flandre, de Hollande, d'Angleterre et des autres pays.

Les laines ordinaires ne manquaient pas en France, pour la
toilette des femmes. Les draps fins étaient généralement fabriqués
avec les laines anglaises et espagnoles. La basse Bretagne et la
Picardie donnaient, à vrai dire, une espèce de laine un peu plus
fine, servant pour certains draps, et pour un, entre autres, que
l'on appelait *camélot*. On fabriquait aussi en abondance des toiles
de toutes qualités, mais non aussi fines que la toile hollandaise.

HISTOIRE DE LA MODE

François Ier
1515 à 1526

François Ier
1530 à 1545

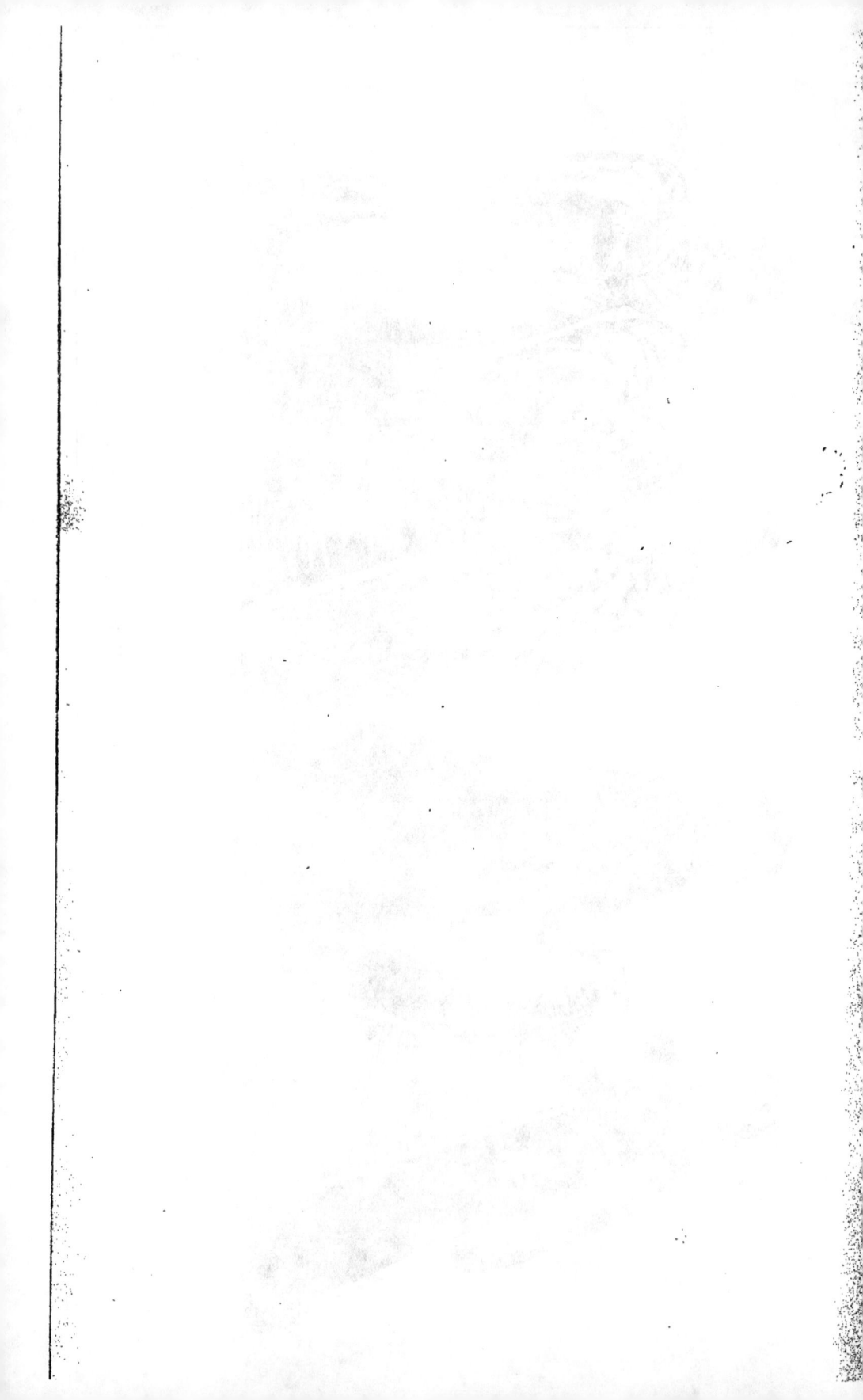

CHAPITRE IX

La cour de François Iᵉʳ. — Mot de Charles-Quint. — Ombrelles. — Peintures de la mode du temps par Rabelais. — Costumes de saison. — Le « hoche-plis » ou vertugadin. — Mᵐᵉ de Tressan sauve son cousin. — Satires et chansons. — Les « contenances. » — Soulier d'étoffe de soie, avec crevés. — Coiffures à la passe-filon. — La coquetterie prend de l'extension. — Les carrosses dans Paris ; leur effet sur la mode.

Sous François Iᵉʳ, le brillant roi chevalier, la cour de France déploya un luxe tout nouveau, plus gracieux que celui du moyen âge, et accompagné de splendeurs imaginées par l'art italien. Ce que fut la cour de François Iᵉʳ, un témoin oculaire nous le dit avec cette bonhomie intelligente qui le caractérise. Michel Suriano, ambassadeur vénitien, remarque :

« Sa Majesté dépense pour son entretien et celui de sa cour 300 000 écus, dont 70 000 sont destinés pour la reine. Le roi veut 100 000 écus pour la bâtisse de ses logements. La chasse, y compris les provisions, chars, filets, chiens, faucons et autres bagatelles, coûte plus de 150 000 écus. Les menus plaisirs, tels que bouquets, mascarades et autres ébattements, coûtent 100 000 écus. L'habillement, les tapisseries, les dons privés en exigent autant. Les appartements des gens de la maison du roi, des gardes suisses, français, écossais, plus de 200 000. Je parle des hommes. Quant aux dames, les appointements absorbent, à ce qu'on dit, presque 300 000 écus. Ainsi on croit fermement que la personne du roi, y compris sa maison, ses enfants, et les présents qu'il fait, coûte 1 million et demi d'écus par an. Si vous voyiez la cour de France, vous ne vous étonneriez pas d'une telle dépense. Elle entretient ordinairement six, huit, dix, et jusqu'à douze mille chevaux. Sa prodigalité n'a point de bornes ; les voyageurs augmentent les dépenses du tiers au moins, à cause des mulets, des charrettes, des litières, des chevaux, des serviteurs qu'il faut employer, et qui coûtent le double qu'à l'ordinaire. »

A son passage en France, Charles-Quint vit le trésor et les joyaux de la couronne.

« J'ai à Augsbourg un tisserand qui pourrait payer tout cela, » s'écria-t-il avec dédain.

Il n'en est pas moins vrai, malgré les paroles de l'envieux Charles-Quint, que la cour de François Ier étalait de grandes magnificences, que le roi vivait au sein d'un luxe éblouissant. Près de ce prince, que le populaire surnommait « le gros nez », tous les amis du plaisir se donnaient rendez-vous.

Selon des estampes du temps, son entourage différait beaucoup de celui qu'on remarquait chez ses prédécesseurs. Les femmes possédèrent une influence extraordinaire. Elles faisaient tout, « même les généraux et les capitaines ». Pendant ce règne, les dames du palais furent appelées et introduites au Louvre. Elles appartinrent à un ordre de chevalerie, nommé « ordre de la Cordelière », destiné à récompenser les dames de la haute noblesse les plus sages et les plus vertueuses.

Ces détails étant exposés, on ne s'étonnera pas en apprenant que François Ier portait presque toujours un costume excessivement riche, et qu'il était regardé comme l'homme le plus élégant de son royaume. Nous n'avons pas à nous occuper ici de la mode, ou plutôt des nombreuses modes qu'il adopta, avec ses gentilshommes. Disons seulement que les « robes » des seigneurs de ce temps ne le cédaient point en richesse aux robes des dames, et que, par conséquent, il exista une lutte entre les deux sexes.

Les toilettes des dames étaient d'une provoquante coquetterie et d'une forme généralement gracieuse. Voici comment le joyeux François Rabelais, écrivain encyclopédiste qui parla sur toutes choses, sérieuses ou légères, nous dépeint la mode de son temps :

« Les dames portaient chausses (bas) d'écarlate ou de migraine (vermeil); et lesdites chausses montaient au-dessus du genou juste de la hauteur de trois doigts, et la lisière était de quelque belle broderie ou découpure. Les jarretières étaient de la couleur de leurs bracelets, et serraient le genou par-dessus et par-dessous. Les souliers, escarpins ou pantoufles, de velours cramoisi, rouge ou violet, étaient déchiquetés à barbe d'écrevisse. Par-dessus la chemise elles vêtaient la belle vasquine (corset) de quelque beau camelot de soie ; sur la vasquine elles plaçaient la vertugade (vertugadin) de taffetas blanc, rouge, tanné (saumon), gris, etc. Au-dessus, la cotte de taffetas d'argent, faite à broderie de fin or entortillé à l'aiguille, produisait un effet délicieux. Ou bien elles avaient, selon que bon leur semblait et conformément à la disposition de l'air, des cottes de satin, damas, velours orangé, tanné, vert, cendré, bleu, jaune clair, rouge cramoisi, blanc ; de drap d'or, de toile d'argent, de canetille, de broderie, selon les fêtes. Les robes, selon la saison, étaient de toile d'or à frisure d'argent, de satin rouge couvert de canetille d'or, de taffetas blanc, bleu, noir, tanné de serge de soie, camelot de soie, velours, drap d'argent, or tiré, velours ou satin pourfilé d'or en diverses portraitures. En été, quelquefois, au lieu de robes, les femmes portaient de gracieuses marlottes (pardessus) des étoffes susdites, ou des bernes (marlottes sans manches) à la mauresque, de velours violet à frisures d'or, garni aux rencontres de petites perles indiennes. Et toujours elles faisaient flotter le beau panache (bouquet de plumes), selon les couleurs des manchons, bien garni de papillettes (paillettes) d'or. »

En hiver, c'était le tour des robes de taffetas de couleur, telles que nous venons de les indiquer, fourrées de loup-cervier, genette noire, martre de Calabre, zibeline et autres fourrures d'un prix assez élevé.

Ajoutez à ce fond du costume les patenôtres, anneaux, jaserans, carcans, de fines pierreries ; puis les escarboucles, rubis balais, diamants, saphirs, enfin les émeraudes, turquoises, grenats, béryls, perles et « unions d'excellence », comme dit Rabelais.

Ne dirait-on pas que ce grand homme a écrit tout exprès pour

nous ces détails infinis de la toilette parisienne ? Il n'oublie rien,
ni la forme, ni les couleurs. Il nous apprend la mise de chaque
saison.

Remarquons, toutefois, qu'il n'est pas question des habillements
de l'automne dans sa curieuse description.

Il en faut conclure que cette saison était confondue pour moitié
avec l'été, pour moitié avec l'hiver, et que les dames du seizième
siècle ne connaissaient point encore ce raffinement des dames
d'aujourd'hui — la toilette d'automne.

La mode des ombrelles, d'abord mal faites, ne parvenait pas à
s'introduire en France : on les trouvait gênantes. « Nulle saison,
dit Montaigne, n'est plus ennemie que le chaud aspre d'un soleil
poignant, car les ombrelles, de quoi, depuis les anciens Romains,
l'Italie se sert, chargent plus le bras qu'elles ne déchargent la
tête. »

L'accoutrement de la tête variait selon la saison. En hiver, il se
faisait à la mode française ; au printemps, à l'espagnole ; en été, à
la turque, excepté les fêtes et les dimanches, jours où les femmes
portaient un accoutrement français, qu'elles trouvaient plus hono-
rable, et sentant plus « sa pudicité matronale ».

La grande innovation dans le costume féminin consista surtout
dans le « hoche-plis » ou vertugadin, qui parut en 1530. Les robes
s'étendaient sur de vastes jupes gommées, garnies de cerceaux de
fer, de bois ou de baleine. Un ceinturon de grosse toile, soutenu
d'un cercle en fil de fer, relevait les jupes autour des reins.

On dit que Louise de Montaynard, femme de François de Tressan, sauva, à l'aide de son vertugadin, le vaillant duc de Montmo-
rency. Celui-ci, cousin de Mme de Tressan, se trouvait bloqué par
de nombreuses forces ennemies, dans la ville de Béziers. Elle plaça
son cousin sous l'immense cloche de son vertugadin, et put l'arracher ainsi aux vengeances qui le menaçaient.

La méthode de mettre trois robes l'une sur l'autre nous montre
les idées de l'époque sur l'inégalité en matière de toilette :

> Pour une cotte qu'a la femme du bourgeois,
> La dame en a sur soy l'une sur l'autre trois,

> Que toutes elle faict également paroistre,
> Et par là se faict plus que bourgeoise cognoistre.

Contre les vertugadins, il plut des chansons et des satires. En 1556, ce fut le *Débat et complainte des meuniers et meunières à l'encontre des vertugadins;* en 1563, ce fut le *Blason des basquines et vertugales, avec la remontrance qu'ont faict quelques dames, quand on leur a remontré qu'il n'en falloit plus porter.* Ce fut la *Plaisante complainte...* par Guillaume Hyver, débutant ainsi :

> Ung temps fut, avant telz usaiges,
> Lorsque les femmes estoient saiges...

A cette épigramme, à cette complainte une chanson se hâta de répondre :

> La vertugalle nous aurons,
> Maulgré eulx et leur faulse envie,
> Et le busque au sein porterons ;
> N'est-ce pas usance jolye ?

Charles IX, Henri III et Henri IV décrétèrent contre le vertugadin. Mais ce vêtement, au lieu de disparaître, devint de plus en plus généralement admis. Les modestes boutiquières imitèrent les dames de qualité. Aussi put-on lire dans le *Discours sur la mode,* paru en 1613 :

> Le grand vertugadin est commun aux Françoises,
> Dont usent maintenant librement les bourgeoises,
> Tout de mesme que font les dames, si ce n'est
> Qu'avec un plus petit la bourgeoise paroist ;
> Car les dames ne sont pas bien accommodées
> Si leur vertugadin n'est large dix coudées.

A Paris, les ordonnances royales contre ce vêtement étaient tombées en désuétude; dans les provinces, certains parlements n'avaient cessé d'être impitoyables. On rapporte que, à Aix, une demoiselle de Lacépède, veuve du sieur de Lacoste, dénoncée à la Cour pour l'ampleur séditieuse de son vertugadin, comparut devant les conseillers et vainquit leur sévérité en leur jurant sur l'honneur « que cette exagération de hanches, objet du délit, n'était autre qu'un don de nature. »

La mode des vertugadins plut singulièrement aux femmes de mince extraction, qui se parèrent aussi de robes à cerceaux, et ressemblèrent alors, comme les dames et les demoiselles « vertu-gadinées », à des tours pyramidales, à des ruches gigantesques. Cette excentricité, avec quelques modifications, a reparu à diverses époques.

Les manchons, tels qu'on les porte de nos jours, étaient déjà connus des femmes de qualité. On les appelait alors « conte-nances ». De longues chaînes d'or, ou cordelières, enlaçaient la ceinture et descendaient presque aux pieds.

Rivales des hommes pour la richesse du costume, les femmes, à la cour ou à la ville, avaient une jupe de dessous qui se voyait sous la robe en corsage en pointe, largement ouverte par devant, pourvue de manches étroites aux épaules et aux bras, élargies brusquement à la saignée, et dont la dentelle ou la fourrure ornait les bords. Le corsage de cette robe, assez décolletée, laissait aper-cevoir une collerette de toile fine brodée à jour, ou de dentelle.

En fait de chaussures, on maintint la mode des souliers d'étoffe de soie, principalement de satin, de large encolure, et n'aidant pas, il faut en convenir, à l'élégance du pied féminin. Quelques dames adoptaient des souliers avec crevés.

Si la chaussure s'était peu modifiée, les vêtements de la tête avaient considérablement changé. Les femmes substituèrent aux anciens bonnets les petites coiffures arrondies, en satin ou en velours, encadrant harmonieusement le visage, ou les jolis tur-bans dont la souplesse moelleuse se faisait sentir à travers un réseau de perles ou de pierreries. La coiffure à la « passe-filon », datant de Louis XI, se conserva :

> Les cheveux en passe-fillon,
> Et l'œil gay en émerillon,

dit Clément Marot.

Parfois les cheveux, bouclés autour du visage, retombèrent en boucles sur le cou. Bien des dames, pourtant, imitant Marguerite de Navarre, frisèrent leurs cheveux sur les tempes, en les relevant au-dessus du front.

Au reste, il existe deux époques distinctes dans la mode du temps de François Ier.

De l'année 1515 à l'année 1526, les vêtements féminins se ressentent encore du moyen âge, non-seulement quant à la coupe et à la forme, mais aussi à cause de leur nuance un peu sévère ; à peine les dames veulent-elles se décolleter, à peine se permettent-elles les garnitures légères ; quelques-unes même se gardent des joyaux et des diamants ; leur mise est élégante, sans recherche exquise.

Mais, de l'année 1530 à l'année 1545, tout change dans le goût des dames : il leur faut les colliers et les perles, les étoffes aux couleurs claires, les riches garnitures ; l'habitude du décolleté est prise et ira toujours en augmentant ; dans les toilettes fourmillent les détails, et les dames s'ingénient pour ne pas laisser de côté une seule des mille futilités qui contribueraient à les rendre plus attrayantes.

En un mot, la coquetterie commence à exercer son empire exclusif sur toutes les actions des femmes ; plaire devient leur unique devise.

Il est bon de rappeler que, sous François Ier, il ne roulait dans Paris que trois carrosses, dont l'un appartenait à la reine Claude de France, fille de Louis XII, — l'autre à Diane de Poitiers, veuve à trente-deux ans de Louis de Brézé, comte de Maulevrier, grand sénéchal de Normandie, laquelle porta toujours le costume des veuves, même aux temps de sa plus haute prospérité, — et le troisième à un gentilhomme nommé René de Laval, que sa grosseur monstrueuse empêchait de monter à cheval.

On comprend, dès lors, que nos ancêtres ne craignaient point les embarras de voitures.

A la fin du quinzième siècle, Gilles Le Maître, premier président du Parlement de Paris, avait passé avec ses fermiers un contrat par lequel ceux-ci étaient tenus, « la veille des quatre bonnes fêtes de l'année et au temps des vendanges, de lui amener une charrette couverte, avec de bonne paille fraîche dedans, pour y asseoir commodément Marie Sapin, sa femme, et sa fille Geneviève, comme aussi de lui amener un ânon et une ânesse pour faire monter dessus leur chambrière, pendant que lui marcherait devant, monté sur sa mule, accompagné de son chien, qui serait à pied à ses côtés. »

Voiture bien simple pour la femme d'un premier président, si modestement en selle sur sa mule !

En regardant les estampes du temps de Henri IV, on ne peut s'imaginer que de si coquets personnages courussent par les rues pédestrement, et l'on se prend à admirer, comme Brantôme, les litières de Marguerite de Valois, reproduites par les artistes de l'époque, « tant dorées, tant superbement couvertes et peintes de tant de belles devises, ses coches et carrosses de même. »

Un siècle plus tard, les choses avaient bien changé : la femme du premier président Christophe de Thou fut la première Française non princesse qui eut la permission de posséder un carrosse. Les bourgeoises lui envièrent longtemps cet heureux privilége !

Mais comment faisaient donc les dames pour monter en litière avec les costumes que nous représentent les dessinateurs du temps ? Il fallait que le coffre en fût bien vaste et que, à peu de chose près, il ressemblât à celui de nos coupés modernes. Il est vrai que la litière ne servait que pour une seule personne.

Les carrosses ont contribué aux développements de la mode. Grâce à eux, les femmes ont pu se vêtir très-légèrement, aller de leur hôtel dans un hôtel éloigné sans risquer d'être exposées aux intempéries.

Aussi, depuis l'apparition des premiers carrosses jusqu'aux élégantes calèches de nos jours, il a existé des toilettes toutes particulières, uniquement en usage chez les personnes qui possèdent un équipage, et souvent ridicules chez celles qui se promènent à pied.

Henri II
1547 à 1548

HISTOIRE DE LA MODE

Henri II
1555 à 1558

CHAPITRE X

Modes sous le règne de Henri II. — La « fraise. » — Estampe satirique de l'époque. — Catherine de Médicis peut manger du potage. — Règlements pour la toilette. — Rouge cramoisi. — Qui portera de la soie. — Vers de Ronsard sur le velours. — « Collet monté. » — Façon des robes et coiffure des femmes. — Fers et mancherons. — Cordelières. — Cales. — Bonnets, chapeaux, chaperons. — Le « touret de nez ». — Chaussures. — Citation de Rabelais.

L'impulsion à l'élégance était donnée, irrésistible, pleine de séductions, tout à fait capable d'entrer dans nos mœurs. Les règnes qui suivirent celui de François Ier n'amenèrent point de réaction ni de choses bien nouvelles.

Néanmoins, sous Henri II, ce qui caractérisa principalement le costume féminin, ce fut l'ampleur des jupes et des manches; les toilettes eurent tantôt un éclat extraordinaire, tantôt un aspect assez sombre, ou plutôt assez sérieux. On l'a dit : « Le seizième siècle présente un curieux mélange de modes éclatantes et de modes excessivement simples. »

Catherine de Médicis, épouse de Henri II, était Italienne et importa en France l'usage des « fraises ».

La fraise était une sorte de collet double et à godrons, c'est-à-dire à plis ronds, qui entourait complètement le cou et parfois s'élevait jusque par-dessus les oreilles.

Cette importation obtint un succès immense, aussi bien dans la toilette des hommes que dans celle des femmes:

Une estampe du temps constate la vogue de cet ajustement. Elle représente une boutique dans laquelle trois personnages gro-

tesques empèsent et repassent des fraises. Une dame, assise, se
fait repasser la sienne, et un cavalier en apporte. Sur le seuil de la
boutique, à droite, apparaît la Mort. Dans le champ de la gravure
on lit une demi-douzaine de légendes, en français et en allemand,
contre la mode des fraises. Au-dessous, il y a quatre vers allemands
et quatre vers français, fort satiriques :

> Hommes et femmes empèsent par orgueil
> Fraises longues pour ne trouver leur pareil ;
> Mais en enfer le diable soufflera,
> Et à brusler les âmes le feu allumera.

L'historien Brantôme nous raconte une plaisante anecdote, à
propos de ces collerettes empesées. Selon lui, M. de Fresnes-
Forget, se trouvant un jour dans l'appartement de la reine Marguerite, manifesta à Sa Majesté son étonnement de voir les femmes
porter de si grandes fraises, et parut douter que, ainsi accoutrées,
elles pussent manger des potages.

Marguerite se mit à rire. Un instant après, un valet lui apporta
de la bouillie pour la collation. Alors la reine demanda une cuiller
à long manche, mangea facilement, sans tacher sa fraise, et dit :
« Voyez, monsieur de Fresnes, avec de l'intelligence il y a
remède à tout. »

Le costume français pour les dames imita le costume italien,
avec plus de grandeur, peut-être aussi avec plus de magnificence.
Les modes continuèrent à s'inspirer du goût de la Renaissance, et
l'art tint une place considérable dans le vêtement, dont la forme
ne changea guère.

Il fallut restreindre les importations étrangères pour ne pas
entraver l'essor de l'industrie indigène, et Henri II crut devoir
veiller par des règlements à la décence dans la toilette, à la distinction des rangs établie par le costume.

Pour la couleur et la qualité des étoffes, même, la loi s'occupa
des détails.

Ainsi, la femme qui n'était pas princesse ne pouvait s'habiller
tout en rouge cramoisi ; les femmes des gentilshommes ne por-

taient de cette couleur qu'une des pièces de leur habillement de dessous. On permettait aux demoiselles de compagnie de la reine et des princesses du sang les robes de velours de toutes couleurs, excepté le cramoisi ; les suivantes des autres princesses n'avaient droit qu'au velours noir et au tanné, c'est-à-dire au rouge commun.

Pas une riche bourgeoise qui ne voulût se couvrir de cette étoffe et rivaliser sous ce rapport avec les grandes dames. Force fut de contrarier les désirs de ces personnes : elles gardèrent seulement, de par la loi, le velours façonné en jupons ou en manches.

Défense fut faite aux artisanes de porter de la soie. Cette étoffe coûtait extrêmement cher, et, pour s'en procurer, aucune femme ne reculait devant les sacrifices d'argent.

Mais, nous l'avons déjà dit et répété, rien n'offre plus de difficultés dans l'application qu'une loi somptuaire. Les femmes des gentilshommes, celles des bourgeois et celles des artisans jetèrent les hauts cris. Le législateur s'émut de pitié pour les dames. Il permit les bandeaux d'orfévrerie sur la tête, les chaînes d'or formant bordure sur les robes de parade, les colliers et les ceintures de même métal.

Il s'adoucit au point de laisser les artisanes orner leurs robes de bordures ou de doublures en soie. La soie put servir pour la confection des fausses manches. On n'interdit que la robe entière confectionnée avec cette étoffe coûteuse.

Autant l'adoucissement qui mitigeait les premières prescriptions, trop rigoureuses, fut convenable et rationnel, autant l'autorité se montra sévère contre les femmes qui osèrent transgresser les ordres du souverain.

Et le poëte Ronsard de s'écrier, à l'honneur du roi, en bon courtisan qu'il était :

> Le velours, trop commun en France,
> Sous toi reprend son vieil honneur ;
> Tellement que ta remonstrance
> Nous a fait voir la différence
> Du valet et de son seigneur,
> Et du muguet chargé de soye,
> Qui à tes princes s'esgaloit,

Et, riche en drap de soye, alloit
Faisant flamber toute la voye.

Les tusques ingénieuses
Jà trop de volouter s'usoyen
Pour nos femmes délicieuses
Qui, en robes trop précieuses,
Du rang des nobles abusoyent.
Mais or la laine mesprisée
Reprend son premier ornement :
Tant vaut le grave enseignemen
De ta parole autorisée.

De ce règne datèrent les fraises de toiles ou rotondes, empesées, et plissées, les capes espagnoles et les collets montés.

L'expression proverbiale « collet monté » s'appliqua et s'applique encore de nos jours aux personnes de manières graves. Elle vient de la sévérité du costume espagnol.

Catherine de Médicis, femme de Henri II, se crut obligée de pleurer toujours son royal époux ; elle manifesta son chagrin par l'habillement de veuve qu'elle adopta pour toilette ordinaire. Le vêtement de la reine mère se distinguait par l'austérité. Il se composait d'une espèce de casquette, dont la visière était rabattue au milieu du front, d'une collerette à gros tuyaux, d'un corsage collant et boutonné, d'une large jupe plissée, et d'un long manteau que rehaussait un collet montant.

Tant de simplicité chez la reine mère était une exception, eu égard aux idées du temps, aux caprices luxueux de la majorité des femmes qui entouraient Catherine de Médicis et lui formaient la cour la plus brillante. Gardant pour elle le vêtement noir, elle ne s'opposait pas au luxe de ses compagnes.

Admirez, en effet, la façon des robes et la coiffure des femmes sous le règne de Henri II.

Est-il quelque chose de plus ouvragé que le corsage d'une robe habillée, comme le représente une gravure à la date de 1558 ?

Il est garni de petites épaulettes et d'une basque ayant au plus deux ou trois doigts. Loin d'être décolleté, il monte, au contraire, de la même manière que le sayon des hommes.

Quelquefois une dame se plaît à ouvrir ce corsage, afin de laisser voir un peu du pourpoint ou gilet qu'elle porte par-dessous.

Généralement elle y fait aussi pratiquer des fentes, soit sur l'estomac, soit dans le dos ou sur les épaules. Il en résulte que le corsage semble moins épais et qu'il tient moins chaud à la poitrine.

Les manches s'harmonisent parfaitement avec la robe, surtout avec le corsage. Elles sont peu larges, quand, dix années auparavant, elles étaient bouffantes. Elles ont aussi des fentes. Leur ampleur diminue depuis les épaules jusqu'aux poignets. Tailladées du haut en bas, elles sont souvent accompagnées de perles, et plus souvent encore ornées de rubans de soie.

Quelques dames de grand état y placent des « fers », autrement dit des pièces d'orfévrerie, délicatement travaillées, et qui ont de la ressemblance avec des boutons.

Un affiquet singulier se découvre dans la toilette des élégantes, telle que nous la dépeignons : tout droit, derrière la manche, tombe ce qu'on appelle un *mancheron*, ou fausse manche attachée à l'épaulette. Il a déjà été question du mancheron.

La collerette montante, qui se dégage du corsage, et qui est brodée ou godronnée, tient à un léger fichu de linon entourant la gorge. De là son nom de *gorgias*.

S'il arrivait que certaines femmes préférassent le corsage décolleté au corsage fermé, elles avaient soin alors de remplacer le corsage fermé par un gorgias fort ample, assez coquet pour ajouter au luxe du costume, couvrant les épaules et le cou.

Les jupes étaient d'une seule venue, peu ouvertes par devant. Une ceinture dite *cordelière,* nouée à la taille, tombait gracieusement jusqu'aux pieds, le long de la fente des jupes. Elle descendait de la pointe du corsage, ou quelquefois se balançait sur un des côtés de la jupe, comme aujourd'hui le chapelet de nos religieuses.

Inutile de dire que, déjà, quelques précieuses dentelles, importées de Venise, achevaient d'orner le vêtement féminin et lui donnaient une valeur énorme.

Il existait plusieurs sortes de coiffures, adoptées indistinctement par les personnes de tous les rangs.

Il y avait le bonnet, le chapeau et le chaperon.

Après avoir maintenu la chevelure au moyen d'un petit sac appelé *cale*, on se couvrait la tête. Ces cales demeurèrent longtemps en usage.

Le bonnet était une toque, ordinairement en velours, à laquelle s'attachait une plume blanche, placée à droite au-dessus de l'oreille. Cette plume, ondulant sans cesse, flottant au vent, ne laissait pas de produire un charmant effet. Elle donnait aux dames un petit air cavalier, que les poëtes ont fréquemment célébré, et dont se sont aussi inspirés nos romanciers modernes.

Le chapeau, qui paraît avoir été moins généralement adopté que le bonnet et le chaperon, avait la plupart du temps une forme ovoïde. Il était haut; ses bords étaient larges et cambrés. On en confectionnait avec des étoffes riches ou des feutres très-fins.

Le chaperon, la coiffure préférée de Catherine de Médicis, la coiffure dont les Parisiennes s'accommodaient le plus volontiers, ressemblait fort au bonnet actuel. Il était de drap ou de soie, avec une large passe, des brides et un bavolet.

Ce qui lui donnait aussi la forme du chaperon ancien, dont nous vous parlerons plus tard, c'était sa coiffe.

Cette coiffe, étoffée, avait une espèce de voilette retombant par derrière.

« Pour sortir, lorsqu'il faisait froid, remarque M. Jules Quicherat, on assujettissait aux brides du chaperon une pièce carrée, qui couvrait tout le visage au-dessous des yeux comme une barbe de masque. Cette pièce s'appelait *touret de nez*. »

Ajoutons que, dans certains cas, les dames se couvraient d'une cape, dont le capuchon leur réchauffait la tête, aux jours les plus rigoureux de l'hiver.

Il ne faut pas oublier ici la chaussure. La chaussure est, dans une toilette, un des détails les plus remarquables. La femme la mieux chaussée n'est-elle pas presque toujours la plus gracieuse?

Pour les dames, la chaussure consistait dans l'escarpin ou dans la mule. Mais l'escarpin et la mule ne pouvaient servir que sur le plancher des appartements. Impossible d'affronter, avec cette chaussure si légère, le dur pavé et la boue épaisse des rues de Paris.

Sous l'escarpin ou la mule, pour aller en visite ou à la promenade, les grandes dames ne manquaient pas de placer un patin à semelle de liége, qui garantissait du froid et de l'humidité.

Mais, sans multiplier ces détails, qui se rapportent à ceux dont nous avons déjà parlé en traitant de la mode sous François II, terminons l'histoire du costume féminin sous Henri II par une citation de Rabelais, l'écrivain encyclopédique, décrivant minutieusement la coquetterie des dames de son temps :

« Les dames portaient chausses (bas) d'écarlate ou de migraine (vermeil); et lesdites chausses montaient au-dessus du genou juste de la hauteur de trois doigts, et la lisière était de quelque belle broderie ou découpure. Les jarretières étaient de la couleur de leurs bracelets, et serraient le genou par-dessus et par-dessous. Les souliers, escarpins et pantoufles, de velours cramoisi, rouge ou violet, étaient déchiquetés à barbe d'écrevisse.

« Par-dessus la chemise, elles vêtaient la belle vasquine (corset) de quelque beau camelot de soie; sur la vasquine vêtaient la vertugade de taffetas blanc, rouge, tanné, gris, etc. Au-dessus, la cotte de taffetas d'argent, faite à broderie de fin or entortillé à l'aiguille; ou bien, selon que bon leur semblait, et conformément à la disposition de l'air, de satin, de damas, velours orangé, tanné, vert, cendré, bleu, jaune clair, rouge cramoisi, blanc; de drap d'or, de toile d'argent, de cannetille, de broderie, selon les fêtes. Les robes, selon la saison, de toile d'or à frisure d'argent, de satin rouge couvert de cannetille d'or, de taffetas blanc, bleu, noir, tanné, de serge de soie, camelot de soie, velours, drap d'argent, toile d'argent, or tiré, velours ou satin pourfilé d'or en diverses portraitures.

« En été, quelquefois, au lieu de robes, elles portaient belles marlottes (pardessus), des étoffes susdites, ou des bernes (marlottes sans manches) à la mauresque, de velours violet à frisure d'or sur cannetille d'argent, ou à filet d'or garni aux rencontres de petites perles indiennes. Et toujours le beau panache (bouquet de plumes), selon les couleurs des manches, bien garni de papillettes d'or.

« En hiver, robes de taffetas de couleur comme dessus, fourrées de loup-cervier, genette noire, martre de Calabre, zibeline, et autres fourrures précieuses.

« Les patenôtres, anneaux, jazerans, carcans (colliers), étaient de fines pierreries, escarboucles, rubis balais, diamants, saphirs, émeraudes, turquoises, grenats, agates, bérils, perles et unions d'excellence.

« L'accoutrement de la tête était selon le temps : en hiver, à la mode française; au printemps, à l'espagnole ; en été, à la turque; excepté les fêtes et dimanches, où elles portaient accoutrement français. »

HISTOIRE DE LA MODE

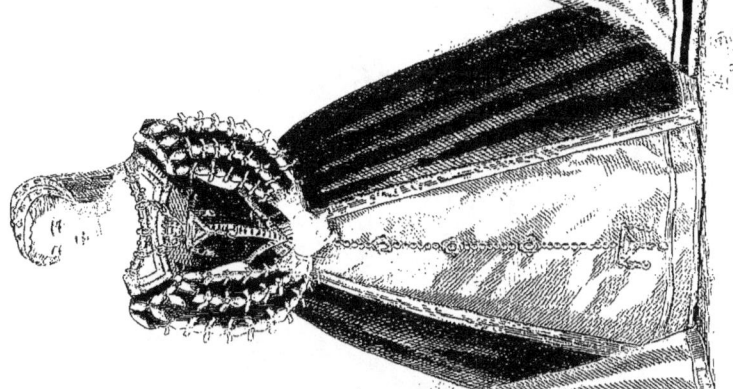

François II
1560

François II
1559

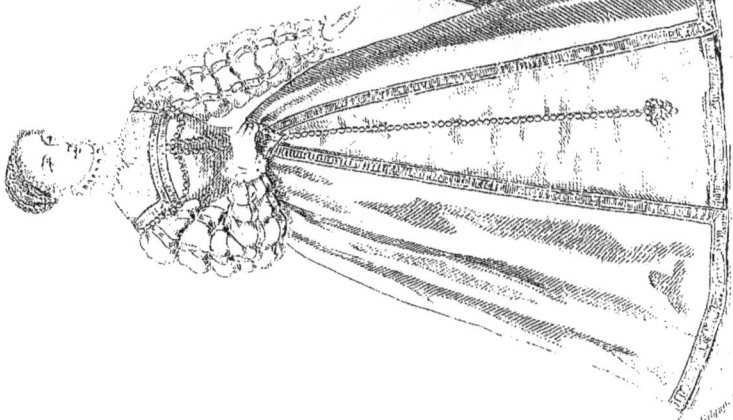

CHAPITRE XI

RÈGNE DE FRANÇOIS II

1559 à 1560

Commencement des reines de la mode.— Les costumes de Marie Stuart ; ses pierrèries. — Détails sur les corsages et sur les manches à cette époque. — Les croix. — Le « loup » ou petit masque. — Anecdote de Brantôme sur les hauts talons. — Règlements relatifs aux modes. — Mot d'une dame de nos jours sur la distinction des costumes. — Préambule de l'ordonnance du 12 juillet 1549. — Maximum des dots. — Les premiers bas de soie tricotés.

Les femmes de renom exercent une grande influence sur la toilette en général. Au seizième siècle, déjà, certaines personnalités historiques font date pour la question de la mode. Soit que leur célébrité ait dominé les caprices de leurs contemporains, soit que leur goût excellent ait mérité l'approbation des élégants et des belles dames du temps, toujours est-il que leurs portraits nous représentent des costumes typiques, et que nous ne pourrions voir un de ces costumes sans en habiller immédiatement une de ces personnalités brillantes.

Telle fut Marie Stuart, nièce des Guises et femme du roi François II, princesse à laquelle on s'est tant intéressé, à cause de ses malheurs et de sa mort.

Il existait, il y a quelques années encore, dans la collection des manuscrits de la bibliothèque Sainte-Geneviève, à Paris, deux *crayons*, c'est-à-dire deux portraits au crayon de couleur, reproduisant très-probablement deux peintures de la reine d'Écosse, exécutées d'après nature, vers 1558, par le célèbre François Clouet.

Ces crayons ont passé, avec une foule d'autres, des rayons de la bibliothèque Sainte-Geneviève dans ceux de la Bibliothèque nationale, où le public les voit moins facilement qu'il ne les voyait autrefois dans l'établissement, plus modeste, de la place du Panthéon.

Figurez-vous Marie Stuart jeune et avant son veuvage, et Marie Stuart en costume de veuve. Dans ces deux portraits, rien n'égale la pureté et la délicatesse des lignes. Un calme intelligent règne sur son front et dans ses yeux *un peu brunets*. Elle est coiffée à l'italienne, selon la mode adoptée alors par les femmes de la cour ; une collerette haut montée enveloppe son cou, qu'entoure un collier de perles.

Le jour de son mariage avec François II, la jolie reine était vêtue d'une robe de velours perse (bleu foncé), « couverte de pierreries et d'enrichissements de broderie blanche de belle façon, si bien que c'estoit une chose admirable de la voir. » Deux demoiselles, placées derrière elle, portaient sa queue, qui était fort longue. Marie Stuart plaçait sur sa tête une couronne de pierreries si riche, que plusieurs personnes l'estimaient à trois cent mille écus, environ dix-huit cent mille francs de notre monnaie actuelle.

Au bal, la femme de François II avait une robe dont la queue était longue « de bien six toises », et que portait après elle un gentilhomme.

Rien de plus majestueux que le manteau royal jeté sur sa robe, aux heures d'apparat. Mézeray nous représente Marie Stuart avec une fraise, ouverte devant, se relevant par derrière. Ses cheveux forment, de part et d'autre, deux boucles, et ne couvrent qu'une partie de l'oreille. Sa couronne est posée sur une coiffe large et empesée qui se rabat sur le front et s'étend sur les côtés.

Elle aimait beaucoup les pierreries. Après la mort de François II, lorsqu'elle partit pour l'Ecosse, le cardinal de Guise, son oncle, lui proposa de laisser ses pierreries, en attendant qu'il pût les lui faire remettre par une voie sûre.

« Quand j'expose ma personne, répondit Marie Stuart, craindrais-je pour des bijoux ? »

Mais cessons de nous occuper d'une personnalité, pour entrer dans les détails de la mode considérée au point de vue général.

A l'époque où nous sommes parvenus, la façon des robes étonnait par l'élégance, par une coupe dont on s'est souvenu maintes
fois depuis, et à laquelle on a souvent recouru dans les différentes
phases de la mode française.

Voyez ce corsage. Il est généralement garni d'épaulettes, et
pourvu d'une petite basque longue de deux ou trois doigts ; ce corsage, loin de le décolleter constamment, les femmes le préféraient
montant, et l'ouvraient entre le cou et la taille, à leur fantaisie,
lorsqu'elles voulaient montrer une partie de leur habillement de
dessous, surtout une espèce de gilet ou pourpoint de riche étoffe.

Leurs manches, d'une largeur moyenne, allaient en diminuant,
depuis les épaules jusqu'aux poignets, avec plusieurs ligatures
qui formaient des bouffants à distances égales, et qui les faisaient
ressembler beaucoup aux manches à gigot dont l'usage a duré plusieurs années pendant la Restauration.

Parfois le corsage était tailladé aussi ; parfois les fentes du corsage et des manches étaient rapprochées par des perles, des nœuds
ou des *fers*, dont nous avons parlé précédemment.

A l'encolure du corsage, les dames voulaient qu'une collerette
montante se dégageât, brodée ou godronnée, d'un fichu de linon
auquel elles donnaient le nom de *gorgias*. Lorsqu'elles décolletaient le corsage, le gorgias couvrait les épaules et le cou. Il fut
longtemps en honneur.

Une robe de soie ou de velours, de couleur tendre ou brune,
était fendue par devant, et, par son ouverture étroite du haut,
s'agrandissant peu à peu jusqu'en bas, de manière à former un
espace semblable à une pyramide, elle laissait voir une jupe de
dessous, ordinairement faite en étoffe claire. De la taille pendait
une cordelière de perles ou d'orfévrerie, qui souvent se reliait avec
la garniture de même genre dont on encadrait le corsage.

Avec la collerette montante, il n'y avait pas besoin de collier ;
mais, si la robe était décolletée, il était d'usage de mettre un collier de perles ou d'orfévrerie, au bout duquel se trouvait quelquefois une croix précieuse. Dans les toilettes actuelles, la croix apparaît aussi très-souvent.

Ajoutons que certaines dames se servaient du collier, même dans le cas où elles adoptaient la collerette montante, comme nous le remarquons dans la quatrième personne de la gravure, où l'artiste a reproduit le costume d'une dame française attachée à la reine Marie Stuart.

Les dames nobles et celles du haut commerce se couvraient la peau du visage avec du rouge et du blanc de fard. Quelques-unes mirent le loup, ou petit masque de velours noir, pour se préserver du hâle. Ce masque était ainsi nommé parce que, d'abord, il faisait peur aux jeunes enfants.

Pour coiffure, les femmes prirent des *cales*, qui enfermaient leur chevelure comme dans de petits sacs; par-dessus ces cales se posait un bonnet ou toque à plume blanche.

Elles gardèrent aussi le chaperon, ou bien elles adoptèrent une coiffe, généralement en velours, rabattue sur le front et munie d'un voile par derrière. On n'apercevait guère de leurs cheveux que deux coques disposées, l'une à droite, l'autre à gauche, sur le front.

Enfin, quelques dames, notamment Marie Stuart et ses suivantes, se firent friser la chevelure, l'enserrèrent dans une légère résille, et la soutinrent par un cercle de perles ou de métal.

Pour chaussure, les escarpins ou les mules étaient encore de rigueur. Seulement, lorsqu'il fallait sortir du logis, lorsqu'il fallait affronter la boue des rues, lorsqu'il fallait encore, par coquetterie, remédier à la petitesse de la taille, chaque dame mettait par-dessus les escarpins ou les mules des patins légers à semelles de liége. Dans ce dernier cas, le patin se métamorphosait parfois en véritable piédestal, qui rehaussait extraordinairement la stature des nabotes, dont les mauvais plaisants ne manquaient pas de rire.

« Il me souvient, dit Brantôme, qu'une fois, à la cour, une dame fort belle et riche de taille contemplant une belle et magnifique tapisserie de chasse où Diane et toute sa bande de vierges chasseresses y étaient fort naïvement représentées et, court vêtues, montraient leurs beaux pieds et belles jambes ; elle avait une de ses compagnes auprès d'elle qui était de fort basse et petite taille ;

qui s'amusait aussi à regarder avec elle cette tapisserie, et elle lui
dit : « Ah ! petite, si nous nous habillions toutes de cette façon, vous
« le perdriez comptant, et n'auriez grand avantage, car vos gros
« patins vous découvriroient. Remerciez donc la saison et les
« longues robes que nous portons, qui vous favorisent beaucoup et
« vous couvrent vos jambes si dextrement ; lesquelles ressemblent,
« avec vos grands patins d'un pied de hauteur, plutôt une massue
« qu'une jambe ; car qui n'auroit de quoi de battre, il ne faudroit
« que vous couper une jambe et la prendre par le bout, et du côté
« de votre pied chaussé et entré dans vos patins on feroit rage
« de bien battre. »

A l'heure qu'il est, ne pourrions-nous pas tenir le langage de
Brantôme ? Comme les talons hauts, démesurément hauts, sont
employés pour déguiser la vérité, pour donner à des femmes
petites l'apparence de la taille moyenne, bien des nabotes se
croient ainsi presque géantes.

Mais, ici, pas de longue digression. Revenons vite aux modes
de 1559-1560 et aux règlements de l'époque.

Hélas ! lorsqu'on parle de modes, dans le passé, il faut toujours
parler en même temps des lois somptuaires, c'est-à-dire de préten-
dus remèdes aux excès de la fantaisie et du luxe. Comme si l'on
décrétait la sagesse !

Nous savons ce que ces lois ont produit, et le peu de succès de
leurs dispositions. Aujourd'hui, quand la distinction des rangs ne
se manifeste plus par la distinction des costumes, il se trouve
encore des personnes indignées de rencontrer une ouvrière endi-
manchée portant la robe de soie ou le camail de velours.

— Non, je ne comprends pas que le gouvernement néglige de
mettre ordre à cela ! s'écriait devant moi une charmante dame du
grand monde. Comment ! il y a huit jours, j'ai presque coudoyé,
aux Champs-Elysées, une fillette dont la robe était identiquement
pareille à la mienne ! Cela n'a pas de bon sens ! Cela est de toute
inconvenance !

— Sans doute, cette personne avait eu le même goût que vous,
répondis-je avec une douceur toute conciliatrice.

— C'est abominable ! car enfin le reste de la toilette ne s'accordait pas avec la robe, et cela faisait le plus mauvais effet, je vous l'assure.

— Cela devait vous contenter, madame.

— Me contenter?

— Oui. L'harmonie est tout, ou à peu près tout, dans une toilette; et, dès que cette personne ne portait pas comme vous un magnifique cachemire de l'Inde, vous ne pouvez vous plaindre.

— Si fait, je me plains. Le luxe et l'égalité des toilettes perdent une foule d'ouvrières. Une loi devrait bien réformer ces intempérances de costumes.

— Cela avait lieu autrefois, madame, répliquai-je aussitôt ; et le résultat a été nul, absolument nul.

Je répétai presque mot pour mot ce que l'on a lu plus haut, à propos des réformes décrétées par les autorités. Mais tous mes discours ne purent convaincre mon interlocutrice.

Ses petites passions l'aveuglaient.

Assurément, des lois somptuaires, si elles étaient promulguées de nos jours, ne réussiraient pas plus que pendant le moyen âge et la Renaissance. L'amende, la prison même, n'arrêteraient pas nos coquettes de tous les rangs.

Eh bien, le langage dont je viens de vous entretenir était sans doute le langage des dames du temps de Henri II, car nous lisons, dans le préambule d'une ordonnance de ce prince, en date du 12 juillet 1549 , « que les gentilshommes et les femmes faisaient des dépenses excessives pour leurs draps en étoffes d'or et d'argent, pourfilures (broderies), passements, bordures, orfévreries, cordons, cannetilles, velours, satins ou taffetas barrés d'or et d'argent. »

Aussi défendit-on ces objets, en n'admettant d'exception que pour les princes et les princesses. L'exception donna un mauvais exemple.

Une fois lancée sur le terrain des prohibitions, l'autorité, ayant le champ libre, se complut dans l'arbitraire et ne garda pas de mesure.

Elle alla jusqu'à fixer le maximum des dots !

Oui, les père et mère, aïeul ou aïeule, en mariant leurs filles, ne purent excéder la somme de dix mille livres tournois ! N'était-ce pas chose révoltante ? La loi ne nuisait-elle pas aux établissements par mariage ?

On défendit aux femmes de roturiers de porter « l'habit de damoiselles » et les atours de velours. On ne leur permit que les toilettes sombres, ou tout au moins d'étoffe très-ordinaire.

A quoi bon les rigueurs et les amendes, en cas de contraventions ? Le vent était aux habits luxueux, aux toilettes brillantes, aux grâces cherchées dans le vêtement. Ce fut aux noces de sa sœur Marguerite de France avec Emmanuel-Philibert de Savoie, dans le mois de juin 1559, que Henri II, roi de France, porta le premier des bas de soie tricotés à l'aiguille. Le menu peuple, et même les classes aisées, continua longtemps encore à porter des bas cousus, en toile.

La mode suivit sa marche. Elle devint plus versatile et plus ruineuse que jamais. Chacun dépensa en toilettes son argent, et même celui des autres. Il semblait que les Français et les Françaises voulussent absolument mériter la réputation d'arbitres des modes, que le monde entier leur accordait.

Or, tenir le sceptre du goût et de la toilette, cela oblige autant que noblesse. Il en coûte pour exciter l'admiration ou pour s'attirer l'envie des élégantes.

CHAPITRE XII

RÈGNE DE CHARLES IX

1560 A 1574

Epoque des guerres de religion. — Les modes italiennes passent les Alpes ; elles réussissent en France. — Effets des expéditions d'Italie. — Vogue des objets de Venise et de Gênes. — Nuée de dragées, pluie d'eau de senteur. — Habillements efféminés. — Charles IX et ses édits contre le luxe. — La mode résiste toujours aux lois somptuaires. — Femmes de haute condition ; bourgeoises, veuves, demoiselles. — Robes de noces. — Observations d'un ambassadeur vénitien. — Corps piqué. — Caleçons ; fards ; miroir sur l'estomac.

Jusqu'alors, la Renaissance ne nous a offert que des côtés brillants, pour ainsi dire. Elle abonde en choses d'art, en fêtes, en cérémonies qui développent le luxe.

Abordons les côtés tristes, ceux qui sont remplis par les guerres de religion, et voyons ce qu'il advint à la suite de nombreux désastres.

Lorsqu'on prononce le nom de Charles IX, le souvenir de la Saint-Barthélemy se présente aussitôt à l'esprit, et chacun est porté vers les idées sombres, vers les pensées d'épouvante et de terreur. Lorsque c'est le nom de Henri III qui frappe nos oreilles, nous nous rappelons soudain la Ligue, avec toutes ses péripéties grotesques et sanglantes, ayant pour dénoûment le poignard de Jacques Clément.

En même temps, avec l'un et l'autre règne, nous trouvons matière à tracer un des plus curieux chapitres de l'histoire de la mode en France.

Charles IX et Henri III méritent de figurer assez longuement dans les annales du luxe.

Voilà surtout ce qui nous intéresse ; et, en vérité, nous avons bien raison, car ces deux règnes ne sauraient autrement captiver nos esprits. Les horreurs politiques du temps de Charles IX et de Henri III ne reviendront plus ; mais les modes du seizième siècle, au contraire, ont déjà reparu sous certains rapports et à différentes époques. Elles ressusciteront peut-être complétement un jour. Il n'y a quelquefois rien de plus actuel que le passé, surtout en fait de robes et de coiffures. Aucune Française ne l'ignore.

Pourquoi donc ne recommenceraient-elles pas à se parer des choses qui ont rehaussé la beauté de leurs aïeules ?

Nos compatriotes n'ont jamais dédaigné les modes étrangères, quand ces modes pouvaient augmenter l'éclat de leurs charmes. Un jour elles ont emprunté à l'Espagne de gracieux objets de toilette ; un autre jour, elles ont imité nos voisines d'Angleterre, en ajoutant aux modes des ladies une grâce toute nationale. Rarement elles ont adopté les goûts de la sérieuse Allemagne ; mais très-souvent elles ont demandé à la brillante Italie quelques détails de son luxe méridional. La terre du soleil et du ciel bleu enfanta de si charmants caprices !

Eh bien, au seizième siècle, les modes italiennes passèrent les Alpes avec Catherine de Médicis ; et Dieu sait si les belles dames de la cour se préoccupèrent autant du sang versé pendant la terrible nuit du 24 août 1572 que des soies milanaises importées chez nous avec profusion vers la même époque.

Je n'ai pas le courage de les en blâmer. Elles détournaient leurs regards des tableaux les plus épouvantables.

Pourquoi ce goût des choses italiennes ? pourquoi ces sachets de Venise ? pourquoi ces filigranes en or de Gênes ? Comment ! jusqu'à ce temps les Françaises semblaient ignorer le nom même des pays riverains de l'Adriatique ; et voilà que maintenant elles connaissent toutes sortes de détails relatifs au costume de ce pays !

Ne vous en étonnez pas. Si je ne craignais de vous déplaire, je vous rappellerais que les petites choses peuvent aussi bien résulter des grandes que les grandes des petites, et j'entamerais une longue dissertation historico-philosophique.

Qu'il me suffise d'attribuer aux funestes expéditions guerrières de Charles VIII, de Louis XII et de François Ier en Italie, la venue en France des filigranes d'or de Gênes et des sachets de Venise. Vous ne m'en demanderez pas davantage.

J'ajouterai pourtant que de cette époque date l'invasion chez nous des prodigalités à l'italienne.

Charles IX alla dîner un jour chez un gentilhomme du Midi. A la fin du repas, le plafond s'ouvrit tout à coup. On vit alors descendre une grosse nuée, qui creva avec un bruit de tonnerre, en laissant tomber sur la table une grêle de dragées, suivie d'une petite rosée d'eau de senteur.

Jugez par là de la mièvrerie du luxe sous le règne de ce prince, et comprenez ses ordonnances, d'ailleurs inefficaces, pour refréner les folies des courtisans, qui faisaient assaut de magnificence avec lui, et qui se ruinaient pour paraître à la hauteur des idées du jour.

Tout d'abord, et comme observation générale, constatons que le succès des modes de femmes fut immense, et que celles des hommes s'en ressentirent au plus haut point.

Les gentilshommes adoptèrent des habillements efféminés, et cette malheureuse innovation devait avoir une assez longue durée, se développer par les soins de leurs successeurs immédiats.

Charles IX, au contraire, professait un véritable dédain pour les raffinements de la toilette. Chasser, forger, travailler les objets de serrurerie, telle était sa passion, en dehors des affaires politiques. Aussi ne put-il voir de sang-froid les hommes mettre des buscs à leurs pourpoints, et se vêtir comme des amazones dans les carrousels ; aussi ne put-il même passer aux femmes la fantaisie coûteuse qu'elles avaient de faire venir d'Italie ou d'Orient des soieries, des plumes d'autruche, des parfums et des cosmétiques.

Dès la première année de son règne, il rédigea à Fontainebleau, le 22 avril 1561, un règlement dont nous extrayons les passages qui se rapportent au luxe des femmes :

« Défendons à nos sujets, soit hommes, femmes ou leurs enfants, d'user ès habillemens qu'ils porteront, soit qu'ils soient de soie

ou non, d'aucunes bandes de broderies, piqûres ou emboutisse-
mens de soie, passemens, etc., dont leurs habillemens, ou partie
d'iceux, puissent être couverts et enrichis, si ce n'est seulement
un bord de velours ou de soie, de la largeur d'un doigt, ou pour
le plus deux bords, chenettes ou arrière-point au bout de leurs
habillemens... Permettons aux dames et damoiselles de maison
qui résident aux champs et hors de nos villes, s'habiller de robes
et cottes de drap de soie de toutes couleurs, selon leur état et
qualité, pourvu toutefois que ce soit sans aucun enrichissement.
Et quant à celles qui sont à la suite de notre dite sœur et de princesses et dames, elles pourront porter les habillemens qu'elles ont
de présent, de quelque soie ou façon qu'ils soient enrichis... et
lors seulement qu'elles seront à notre suite, et non ailleurs. Permettons aux veuves l'usage de toutes soies, hormis de sarge et
camelot de soie, taffetas, damas, satin, velours plain. Quant à
celles de maison, demeurant aux champs et hors nos villes, sans
aucun enrichissement ni autre bord que celui qui sera mis pour
arrêter la couture... Ne pourront aussi femmes porter de dorures
à leurs têtes, de quelque sorte qu'elles soient, sinon la première
année qu'elles seront mariées, etc., etc. »

Voilà, ce me semble, un roi qui de nos jours aurait fort à
défendre! Voilà un rabat-joie bien minutieux! Voilà un contemp-
teur des brillants atours!

Quatre ordonnances de Charles IX parurent sur le même sujet.
Tantôt (17 et 18 janvier 1563) il proscrivit les vertugadins de plus
d'une aune et demie, les chaînes d'or, les pièces d'orfévrerie avec
ou sans émail, plaques et tous autres boutons nécessaires pour
garnir les bonnets ; tantôt (déclaration de 1567) il régla les habillements de toutes les classes, ne permit la soierie qu'aux princesses et duchesses, prohiba le velours, et n'accorda aux bourgeoises le droit de porter des perles et des dorures qu'en patenôtres
et en bracelets.

Ces édits-là sont renfermés dans de gros vilains livres in-folio,
parmi de lourdes prescriptions juridiques. Ils font partie d'un
bagage de matériaux pour l'histoire des mœurs en France.

Pensez-vous que ces lois somptuaires furent bien exécutées? N'imaginez-vous pas que beaucoup de femmes préférèrent le payement de l'amende au chagrin de ne pouvoir être belles à leur gré? Je vous en fais juges, et je passe à la description du costume féminin, sous le règne d'un prince qui s'ingénia de dire au luxe : « Tu n'iras pas plus loin! »

L'étrange souverain que ce roi Charles IX! Il livrait combat à la mode, royauté encore plus absolue que la sienne; à la mode, que soutenaient des millions de femmes!

La mode fut victorieuse. On conserva les robes à collets montants, qui plaisaient aux huguenotes, sans effaroucher les catholiques, et l'on multiplia sur les étoffes l'or et l'argent tressés en forme de crêpe, recamés sur le brocart, mêlés à la dentelle, tortillés en cannetille, disposés en barres ou en raies sur la soie et sur le velours. Ces prohibitions prêtaient à rire.

La femme de haute condition porta sur sa tête le chapeau de velours noir ou l'escoffion, — coiffe de réseau en rubans d'or ou de soie, souvent ornée de bijouterie. Elle eut un masque sur le visage ou à la main.

Les bourgeoises, forcées d'obéir aux ordonnances quand elles étaient trop peu riches pour s'exposer à payer des amendes, se contentèrent du chaperon de drap, s'abstinrent de soie, et ne se servirent point de masque. Mais leurs cottes, leurs cotillons et leurs robes, taillés selon leur fantaisie, ne différèrent pas, par la forme au moins, du vêtement des dames nobles. La presque totalité des bourgeoises usa des étoffes de drap ou de camelot, et porta des manchons noirs, car les dames de condition pouvaient seules avoir des manchons de couleurs variées.

Les veuves sortirent voilées pendant un certain temps, avec une robe montante, une camisole par-dessus la robe et une collerette renversée sans dentelles. Pour le deuil d'un père, d'une mère, d'un mari, il leur fallait les manches pendantes, garnies de fourrure blanche ou de cygne. Point de bijoux, comme on le pense bien. Point de garniture de jais ni d'acier.

Les demoiselles non mariées marchaient dans la rue derrière

leurs mères, et elles étaient suivies de leurs domestiques. Si elles allaient à la campagne, elles ne craignaient pas de monter en croupe derrière un serviteur, et de se tenir accrochées à la selle du cheval.

Les femmes mariées laissaient parfois flotter leurs cheveux sur leurs épaules, en les retenant sur le front par une couronne de perles.

La robe de noces des femmes du peuple était ordinairement faite de drap, avec bandes de velours noir, avec manches ouvertes, pendantes jusqu'à terre, et doublées de velours ; celle des demoiselles de qualité dépendait du goût de la personne qui la revêtait, et dont aucune loi ne contrariait les mille et une fantaisies. Les demoiselles de qualité n'eussent pas manqué de protectrices, en cas d'infraction aux ordonnances.

C'est un ambassadeur vénitien, observant les modes françaises, vers l'époque de la mort de Charles IX, qui nous a transmis ces curieux détails.

Il ajoute : « Les Françaises sont minces de la taille au delà de toute expression ; elles se plaisent à enfler leurs robes, de la ceinture au bas, par des toiles apprêtées et des vertugadins, ce qui augmente la grâce de leur tournure. Elles mettent beaucoup de coquetterie à se chausser, soit de la pantoufle basse, soit de l'escarpin. Le cotillon qu'à Venise on appelle *la carpetta* est toujours de grande valeur et de l'élégance la plus recherchée chez les bourgeoises aussi bien que chez les nobles. Quant à la robe de dessus, pourvu qu'elle soit de serge ou d'escot, on n'y fait pas grande attention, parce que les femmes, quand elles vont à l'église, s'agenouillent et même s'asseyent dessus. Par-dessus la chemise, elles portent un buste ou corsage, qu'elles appellent corps piqué, qui leur donne du maintien ; il est attaché par derrière, ce qui avantage la poitrine. Les épaules se couvrent de tissus très-fins ou de réseaux ; la tête, le cou et les bras sont ornés de bijoux. L'arrangement des cheveux est tout autre qu'en Italie : elles se servent de cercles de fer et de tampons sur lesquels sont tirés les cheveux, pour donner plus de largeur au front. La plupart ont les cheveux noirs, ce qui fait ressortir la pâleur de leurs joues ; car la pâleur, si elle n'est pas maladive, est regardée en France comme un agrément. »

Notre observateur vénitien s'acquitte merveilleusement de sa tâche, et il faut avouer que son portrait des dames françaises du temps ne laisse rien à désirer. Il est aussi du dernier galant. Ce Vénitien fréquentait la haute société, les belles dames de la cour.

Ce qu'il nomme un « corps piqué » ressemble fort au corset actuel, qui déjà sanglait la taille des femmes, résolues à se rendre minces, bon gré mal gré, d'autant plus que les hommes, nous l'avons dit, se déclaraient leurs rivaux pour la finesse de la taille, et se serraient d'une manière incroyable.

A leur tour, les femmes empruntèrent aux hommes le caleçon, forme particulière de pourpoints avec des hauts-de-chausses. Quelques-unes portèrent des caleçons par-dessous leurs robes. Mais cette mode ne fut certes pas généralement adoptée, parce qu'elle ne s'accordait guère avec les accessoires du costume.

Nous avons parlé du masque ; occupons-nous du fard, que le masque devait couvrir.

Plus d'une beauté se colorait le soir avec du sublimé, et, le matin, il fallait combattre les ravages de cette substance corrosive. Elles se couvraient la peau de pommades et d'eaux réfrigérantes. Le parfumeur fabriquait les drogues de toilette en pilant et en incorporant ensemble, pour les faire cuire, des pieds et des ailes de pigeon, de la térébenthine de Venise, des fleurs de lis, des œufs frais, du miel, des coquilles de mer appelées « porcelaines », des perles broyées et du camphre. Le tout se distillait en alambic, au bain-marie, avec un peu de musc et d'ambre gris.

Quel mélange ! on dirait la cuisine de Méphistophélès. J'ignore si nos parfumeurs d'aujourd'hui usent encore de pareilles recettes ; mais je sais que nos dames ont fait revivre un peu trop, à mon avis, l'usage de se peindre la figure. Passons.

Jean de Caurres, écrivain du seizième siècle, dit que les demoiselles masquées de son temps portaient un miroir sur l'estomac, mode qui tendait à se généraliser, « si est-ce qu'avec le temps, ajoute-t-il, il n'y aura bourgeoise ni chambrière qui par accoutumance n'en veuille porter. »

Cet usage étrange ne se conserva pas.

Catherine de Médicis, dont on admirait les épaules, échancra les robes autant par devant que par derrière. On suivit cette mode à sa cour, et bien des personnes mal faites n'osèrent pas faire autrement que leur souveraine, à qui l'on devait l'extension en France de la mode des corsages baleinés, si funestes à tant de générations féminines. La courtisanerie n'admettait pas les oppositions.

Au surplus, et quelles que soient les critiques de détail adressées aux femmes du règne de Charles IX, rendons-leur cette justice, que leurs toilettes possédaient une grâce enchanteresse et une grande harmonie d'ensemble.

Quoi de plus riche et de meilleur goût que ces costumes en étoffes brochées blanches? Quoi de mieux disposé que ces garnitures en pierres ou en verroterie de couleur? Et cette espèce de mantelet en fourrure qu'une belle dame jetait sur ses épaules, aussitôt que l'air frais menaçait sa délicate santé! Et ces gants de peau blancs, aujourd'hui si répandus, alors si rares! Et ces fraises de dentelles! Et ces jolis chaperons blancs, d'où s'échappait, par derrière, un long voile blanc qui cachait à moitié la taille! Que concevrait-on encore de plus approprié à une toilette sévère que ces doublures rouges d'étoffes foncées, que ces gorgerettes de linon empesées, et que ce chapeau noir, gracieux dans sa simplicité?

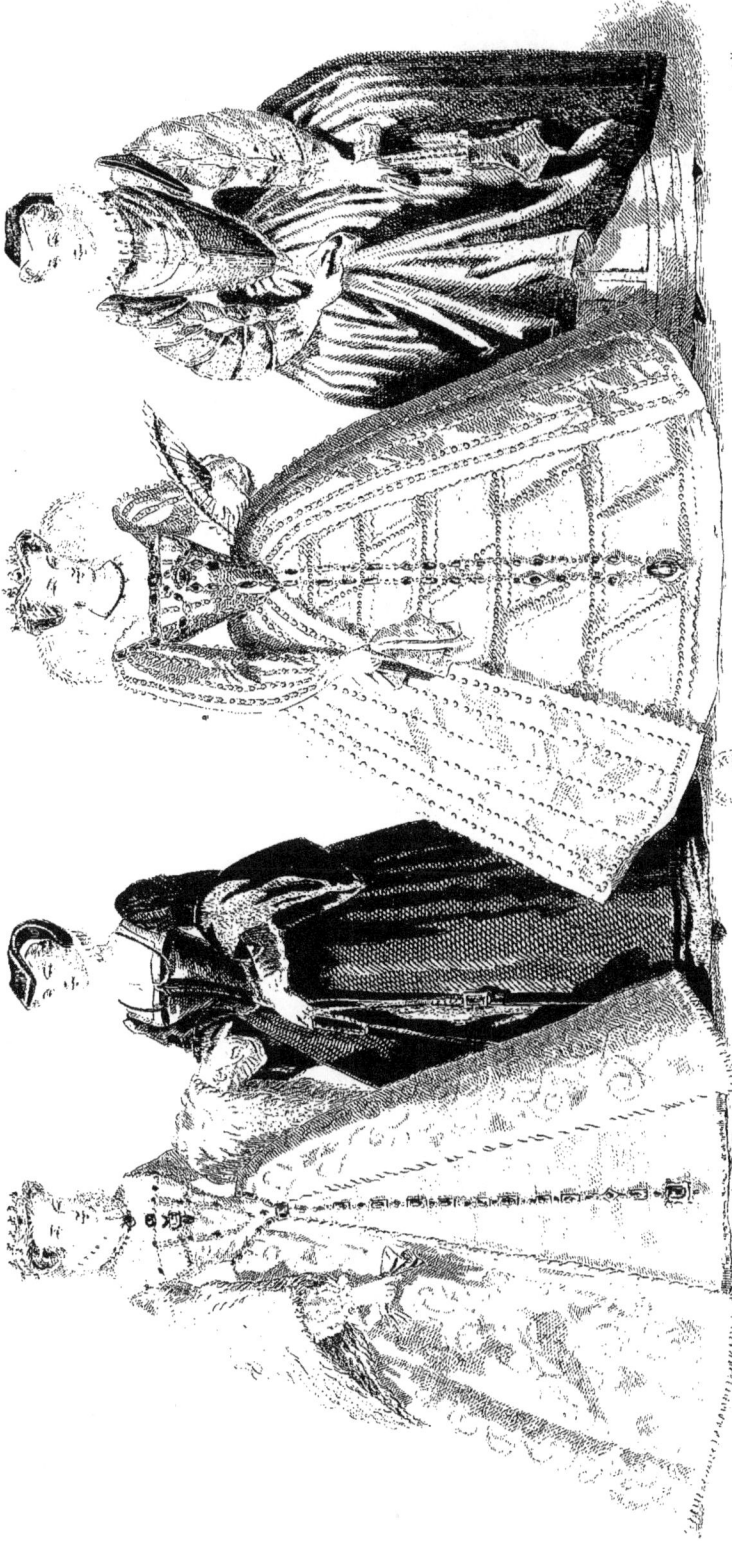

HISTOIRE DE LA MODE

Charles IX   Henri III

1560 à 15..   1574 à 1589

CHAPITRE XIII

RÈGNE DE HENRI III

1574 A 1589

Opposition aux lois de Henri III sur les vêtements. — Ce que firent les gentilshommes ; ce que firent les dames. — Robes de Milan. — Mélange des modes masculines avec les modes féminines. — Vogue des parfums. — Distinction des rangs réclamée. — Costume de Marguerite de Valois à Cognac. — Ce qu'en dit Brantôme. — Corsage en pointe, manches enflées, bourrelets. — Question des cheveux. — Ridicule des ajustements d'hommes. — Poncet le prédicateur. — Couplets contre Joyeuse. — Mot de Pierre de l'Estoile.

Le mot « simplicité » paraît avoir été la devise du roi Charles IX, décrétant à plusieurs reprises des lois somptuaires.

Pour son successeur Henri III, l'idéal fut le luxe dans tous les genres. La cour de Henri III afficha les excentricités les plus folles, imita le roi qui vivait au milieu de divertissements perpétuels et de fêtes somptueuses, qui donnait l'exemple des prodigalités dans les vêtements... et qui cependant réitérait les ordonnances contre le luxe. Henri de Valois ne prêchait pas d'exemple.

La conduite de ce prince était en contradiction flagrante avec ses prescriptions. Aussi, une étrange opposition se forma-t-elle soudainement, lorsque Henri III eut décrété une loi somptuaire qui défendait aux grands de choisir des vêtements d'or et d'argent.

Les mécontents ne s'avisèrent pas d'aller par la ville en costume de bure. Non, assurément ; mais ils imaginèrent des portemanteaux vivants, si l'on peut dire ainsi. Leur vanité blessée esquiva l'ordre royal, en mettant sur les valets les riches habits qu'on interdisait aux maîtres. Les laquais des seigneurs portèrent des livrées de soie relevées par de larges broderies.

Chacun pouvait, en voyant un beau valet tout doré sur les coutures, prendre une haute idée du noble personnage qui l'avait à son service, et deviner la fortune de ce personnage. Toute livrée ressemblait à une réclame nobiliaire.

Mais les dames n'agirent pas comme les gentilshommes. Loin de se venger en chargeant leurs soubrettes de perles et de diamants, ce qui aurait pu leur créer des rivales en beauté, elles s'y prirent d'autre sorte pour échapper à la loi.

Comme on leur défendait le brocart, elles firent venir de Milan des robes, sans or ni argent, dont le prix ordinaire s'élevait environ à la somme de cinq cents écus. L'industrie italienne profita de tout cela.

Cinq cents écus pour le principal d'une robe ! C'était un chiffre rond. Les dames françaises y ajoutèrent cinq cents autres écus en accessoires, en ornements divers : pour fileuses, passements, franges, tortils, cannetilles, arrière-points, etc. ; et elles s'estimèrent heureuses de ce luxe où n'apparaissaient ni or ni argent. Leur amour des belles choses n'y perdit rien. Les robes de Milan valaient bien celles de brocart !

De quel droit, pensaient les coquettes, cet Henri de Valois, « empeseur des collets de sa femme et friseur de ses cheveux, » selon les critiques malins, se montrait-il si sévère à propos de la toilette des femmes?

Ne gardait-il pas, lui, la toque en velours et à aigrette enrichie de diamants, ce qui n'avait à coup sûr aucun caractère martial? Ne se laissait-il pas aller à son goût invincible pour tout ce qui était du goût des femmes ? Ne faisait-il pas des études fort approfondies sur la garde-robe de la reine, et n'en remontrait-il pas à toutes les dames d'atours, sur les mille questions d'ajustements féminins ?

O scandale ! ce fard, cette poudre violette dont les Françaises se servaient à la fin du règne de Charles IX, Henri III se hâta de l'adopter aussitôt après son retour de Pologne. Il établissait, en faveur des hommes de haut parage qui se modelaient sur lui, une sorte de concurrence faite aux femmes. Non content de son bonnet à plume, identique à l'escofflon ou coiffe féminine, il s'imprégnait d'ambre depuis les pieds jusqu'à la tête. Jamais on n'avait vu pareille chose en France.

La mode des parfums se propagea même dans les classes bourgeoises. On parfuma les vêtements, les cheveux, les gants, les chaussures ; dans les bagues, bracelets et colliers, il y avait des interstices ménagés pour recevoir des senteurs. Les éventails, dont les jeunes gens *fraisés* et *frisés* s'armaient comme les dames, garantissaient de la chaleur, en exhalant dans l'air les parfums les plus accusés. Les deux sexes rivalisèrent dans l'emploi des odeurs.

Le costume des femmes se composait d'un corps à baleines étranglé à la taille, avec de vastes manches en gigot. Quand les dames de la cour n'avaient pas de corps de baleine, elles se serraient la taille, dit Montaigne, avec des éclisses de bois ; car il fallait, avant tout, étonner les gens par la finesse de la taille. Assez ordinairement, elles portaient deux robes superposées, soit de même couleur, avec ornements variés, soit de couleurs différentes.

Des jarretières à ramages attachaient leurs bas. Le masque ou loup, dont elles se couvraient la figure à la promenade, comme sous Charles IX, n'était point fixé par des cordons, mais simplement par un bouton de verre, qu'il fallait presser entre les dents.

Un miroir à manche, rond, pendait à leur ceinture, et leur donnait la possibilité de savoir à tout moment dans quel état se trouvait leur toilette. Il en était de même sous le règne précédent.

Toque, bourrelet, ou petit chapeau à fond élevé, dont l'étoffe était chiffonnée, voilà la coiffure la plus usitée chez les dames. Plusieurs portaient encore l'ancien chaperon.

Pour les demoiselles, ce chaperon était de velours à queue pendante, touret élevé, avec des oreillettes «atournées» de dorures, ou sans «dorures», qu'on appelait aussi «coquilles». Pour les bourgeoises, le chaperon se fabriquait en drap, avec toute la tournette carrée.

Toujours existaient, on le voit, les distinctions de rangs, qui, à vrai dire, devaient durer plusieurs siècles encore.

Ici, les plaintes contre le luxe intervinrent. Les grandes dames s'indignèrent de l'audace de certaines bourgeoises, assez hardies pour se permettre le velours et les ornements dorés. Sous l'influence de ces mécontentements, les cahiers de la noblesse, aux Etats de Blois (1588), remontrèrent « qu'il ne debvroit être permis aux femmes des advocats, procureurs, trésoriers, bourgeoises et autres femmes *ignobles*, de porter plus chaperon de velours. »

Ah! que diraient aujourd'hui nos dames du même rang, si on prétendait leur interdire une coiffure! Voyez-vous les femmes d'avocats gênées dans leur luxe de toilette!

L'idéal de la toilette, du temps de Henri III, apparaît dans le costume de Marguerite de Valois à Cognac, lorsque, faisant séjour dans cette ville, au commencement de son voyage en France, et avant d'avoir épousé le roi de Navarre, elle « s'habilla à son plus beau et superbe appareil, qu'elle portoit à la cour en ses plus grandes magnificences. »

Il s'agissait d'éblouir les habitants de Cognac. « D'ailleurs, disait-elle, la prodigalité est, chez moi, un vice de famille. »

Marguerite ne cessait d'inventer des fêtes, des tournois, où les splendeurs de la toilette se joignaient aux petillements de l'esprit.

Laissons parler Pierre de Bourdeilles, abbé et seigneur de Brantôme :

« Marguerite parut, vêtue fort superbement d'une robe de toile d'argent et colombin à la boulonnaise, manches pendantes, coiffée si très-richement et avec un voile blanc ni trop grand, ni trop petit, et accompagnée avec cela d'une majesté si belle et si bonne grâce, qu'on l'eût plutôt dite déesse du ciel que reine de la terre.

« La reine lui dit alors :

« — Ma fille, vous êtes très-bien ! »

« Elle lui répondit :

« — Madame, je commence de bonne heure à porter et user mes robes et les façons que j'emporte avec moi de la cour ; car, quand j'y retournerai, je ne les emporterai point ; mais je m'y entrerai avec des ciseaux et des étoffes seulement pour me faire habiller selon la mode qui courra. »

« La reine lui répondit :

« — Pourquoi dites-vous cela, ma fille? C'est vous qui inventez et produisez les belles façons de s'habiller ; et, en quelque part que vous alliez, la cour les prendra de vous, et non vous de la cour. »

Catherine de Médicis, toujours jalouse de commander, engageait ainsi sa fille à saisir le sceptre de la coquetterie.

En effet, Marguerite de Valois, quelque costume qu'elle adoptât, donnait le ton à la mode. Sa beauté charmante et son amabilité plus charmante encore lui permettaient de régler les ajustements de toutes les grandes dames. Ici on lui voyait une robe de satin blanc avec force clinquant et un peu d'incarnadin mêlé, avec un voile de crêpe tanné, ou gaze à la romaine, jeté sur sa tête comme négligemment ; là on admirait sa robe d'orangé et noir et son grand voile ; plus loin on s'étonnait de son habillement tout à fait original pour l'époque.

Elle avait ses cheveux naturels, sans avoir besoin d'y ajouter aucun artifice de perruque.

Malgré les éloges de Brantôme, un archéologue distingué reproche avec raison à Marguerite de Valois d'avoir corrompu les modes au lieu de les embellir. Il l'accuse de mauvais goût.

Oui, Marguerite de Valois eut tort de faire descendre les corsages si long et si bas, que les épaules et la tête d'une femme semblèrent sortir d'un cornet ; elle eut tort d'inventer les manches enflées par le haut, serrées par le bas, et qui ressemblaient à des pilons ; elle eut tort, enfin, de substituer aux vertugadins des amas de bourrelets posés sur les hanches et métamorphosant les jupes en immenses tambours, ce qui alourdissait abominablement la démarche et le maintien des femmes.

Cette princesse, dont les cheveux noirs étaient merveilleusement beaux, ne tint aucun compte de ce que la nature lui avait accordé. Elle s'amusa, le plus souvent, à charger sa tête de faux cheveux blonds. On assure même que Marguerite de Valois pre-

nait à son service des pages à chevelure blonde, et que, de temps
à autre, elle les faisait tondre pour se parer de leurs dépouilles.

De nos jours, les filles de campagne pourvoient le marché aux
cheveux.

D'après Gaignières, gentilhomme collectionneur, qui a donné à
la Bibliothèque nationale une myriade de dessins et de gravures,
les dames de la cour de Henri III avaient des manches excessivement amples, avec tout le corsage et la jupe en étoffe semblable.

Une servante, à cette même époque, avait le corsage busqué,
un tablier, des clefs à la main droite, et un panier au bras gauche.
Son costume était à la fois foncé et de quelque élégance.

Autant les ridicules abondèrent, sous Henri III, dans les modes
des femmes, autant et plus ils apparurent dans les ajustements des
hommes, qui ne gardaient pas de mesure à l'endroit des excentricités et des extravagances.

Certes, les immenses cols empesés qui, s'élançant de la taille
d'une grande dame, s'en allaient former, derrière sa tête, une
sorte de niche en manière de cornet, ne devaient pas garder bien
longtemps leur fraîcheur, quelque soin qu'on prît de ne pas les
froisser. Puis, les bustes pleins, ayant quelque ressemblance avec
les armures guerrières, ne laissaient que peu de liberté aux allures
naturelles. Et, au cou, cette sorte de collet double et à godrons,
c'est-à-dire à plis ronds, cette fraise qui séparait la tête du buste,
n'était pas gracieuse, malgré les *bichons*, nom donné aux cheveux
roulés au-dessus des tempes.

Tout cela faisait des « poupins », selon l'expression des mé-
chantes langues de l'époque ; tout cela faisait des toilettes affectées.

Eh bien, les courtisans, les favoris de Henri III ne manquèrent
pas d'emprunter aux dames non-seulement les colliers de perles,
les boucles d'oreilles et les bagues, mais encore les *bourets* de
velours et les bichons. Ils furent « fraisés et frisés » ; ils échancrè-
rent leurs pourpoints, afin de pouvoir montrer coquettement quelques « dentelles de point coupé » importées de Venise.

La dentelle orna aussi les éventails de ces élégants, qui, pour
conserver la blancheur de leur teint et de leurs mains, mirent la

nuit des masques et des gants imprégnés de cosmétiques divers, de pâtes adoucissantes, de savons onctueux.

Il faut connaître le costume du duc de Joyeuse, premier favori de Henri III, lors de son mariage avec la sœur de la reine. L'événement fit grand bruit dans le monde élégant et musqué d'alors.

Les fêtes données par le roi, à cette occasion, coûtèrent au moins un million deux cent mille écus, — somme d'autant plus importante que la France était ruinée par les guerres civiles.

Maurice Poncet, un des célèbres prédicateurs de l'époque, tonna en chaire contre cette profusion. Le duc de Joyeuse, rencontrant Poncet, lui dit avec colère :

— J'ai fort ouï parler de vous, et de ce que vous faites rire le peuple dans vos sermons.

— C'est raison que je le fasse rire, répondit froidement le prédicateur, puisque vous le faites tant pleurer pour les subsides et dépenses grandes de vos belles noces.

Joyeuse se retira, sans oser frapper Poncet, comme il en avait envie.

Aux noces, le roi et Joyeuse avaient des habillements tout semblables. Ils étaient couverts de broderies, de perles et de pierreries. Ils étaient, comme les dames, parfumés d'eaux cordiales, de civette, de musc, d'ambre gris et de précieux aromates. Ils avaient des fraises empesées et godronnées. Ils l'emportaient sur tous les *poupins*.

Selon cet exemple, les exquis de l'époque, adoptant même les cols renversés à l'italienne, s'ajustèrent de telle façon que la satire osa les poursuivre. Ce couplet fut lancé contre Joyeuse et ses imitateurs :

> Ce petit popeliret,
> Frisé, fraisé, blondelet,
> Dont la reluisante face
> Fait même honte à la glace,
> Et la délicate peau
> Au plus beau teint d'un tableau ;
> Ce muguet dont la parole
> Est blèze, mignarde et molle ;

Le pied duquel, en marchant,
N'iroit un œuf escachant,
L'autre jour prit fantaisie
De s'épouser à Marie,
Vêtue aussi proprement,
Peu s'en faut, que son (galant).
Et, venant devant le temple,
Le prêtre, qui les contemple,
Demande, facétieux :
« Quel est l'époux de vous deux ? »

Les fraises godronnées, ou collerettes à tuyaux, d'abord adoptées à la cour de Henri III, puis délaissées par caprice, reparurent
un jour, énormément perfectionnées à son usage.

C'était en 1578. Le roi se montra avec une fraise « formée de
quinze lés de linon et large d'un tiers d'aune. » A voir la tête de
ce prince sur cette fraise, il eût semblé, dit Pierre de l'Estoile, « que
ce fût le chef de saint Jean dans un plat ».

O triomphe ! Les favoris ne faillirent pas à leur rôle. Ils s'extasiè-
rent et vantèrent à qui mieux mieux le bon goût de Henri III. Et
lui, il se complaisait dans ce succès inimaginable.

En véritable amateur des collerettes à tuyaux, il avait estimé
que l'amidon ne suffirait pas pour forcer tant d'étoffe de fraise à
se maintenir droite comme il convenait. Le roi de France avait
daigné composer lui-même un empois sublime ; ses augustes mains
avaient demandé à la farine de riz le secret de cet empois, qu'il
avait ensuite expérimenté lui-même ! Chacun se le disait avec
admiration.

Du mélange de la mode féminine avec celle des hommes, pendant ce règne, il résulta une certaine roideur très-disgracieuse
dans le costume général. L'habit masculin porté par Henri III
sembla monstrueux aux gens graves du temps. D'Aubigné s'écria :

Si, qu'au premier abord, chacun estoit en peine
S'il voyoit un roi-femme ou bien un homme-reine.

Heureusement l'esprit de courtisanerie ne s'empara pas des
dames de la cour au point de leur faire oublier toute mesure. Elles
se conformèrent bien à la mode des coussins, qui, appliqués pos-

térieurement ainsi que des cerceaux, arrondissaient leurs hanches ; mais elles n'empruntèrent pas aux gens de la suite de Henri III l'usage de la *panse*, accessoire risible, grâce auquel un homme ressemblait à Polichinelle.

Rien de plus singulier que la panse, qui était tout l'opposé du buste ajusté. Le buste aplatissait le ventre ; la panse, produite par une masse de coton, fabriquait un ventre pantagruélique et rendait vraiment grotesques ceux qui en munissaient leur pourpoint.

Constatons-le, cette mode absurde ne dura pas longtemps parmi les hommes, ennuyés de la gène qu'ils en ressentaient, et peut-être des lazzi que leur présence faisait naître.

Parmi les femmes, elle ne trouva pas de défenseurs.

Pour comprendre cette réserve, il suffit de jeter un coup d'œil sur quelques gravures du temps de Henri III, représentant des hommes affublés de panses et des dames à hanches développées. Regardez, au musée du Louvre, une peinture de Clouet, dit Janet, datant de 1584 environ, et votre amour-propre sera flatté, chères lectrices ; car, dans cette page d'art historique, la palme du ridicule revient de droit aux hommes.

HISTOIRE DE LA MODE

Henri IV
1590

Louis XIII
1614

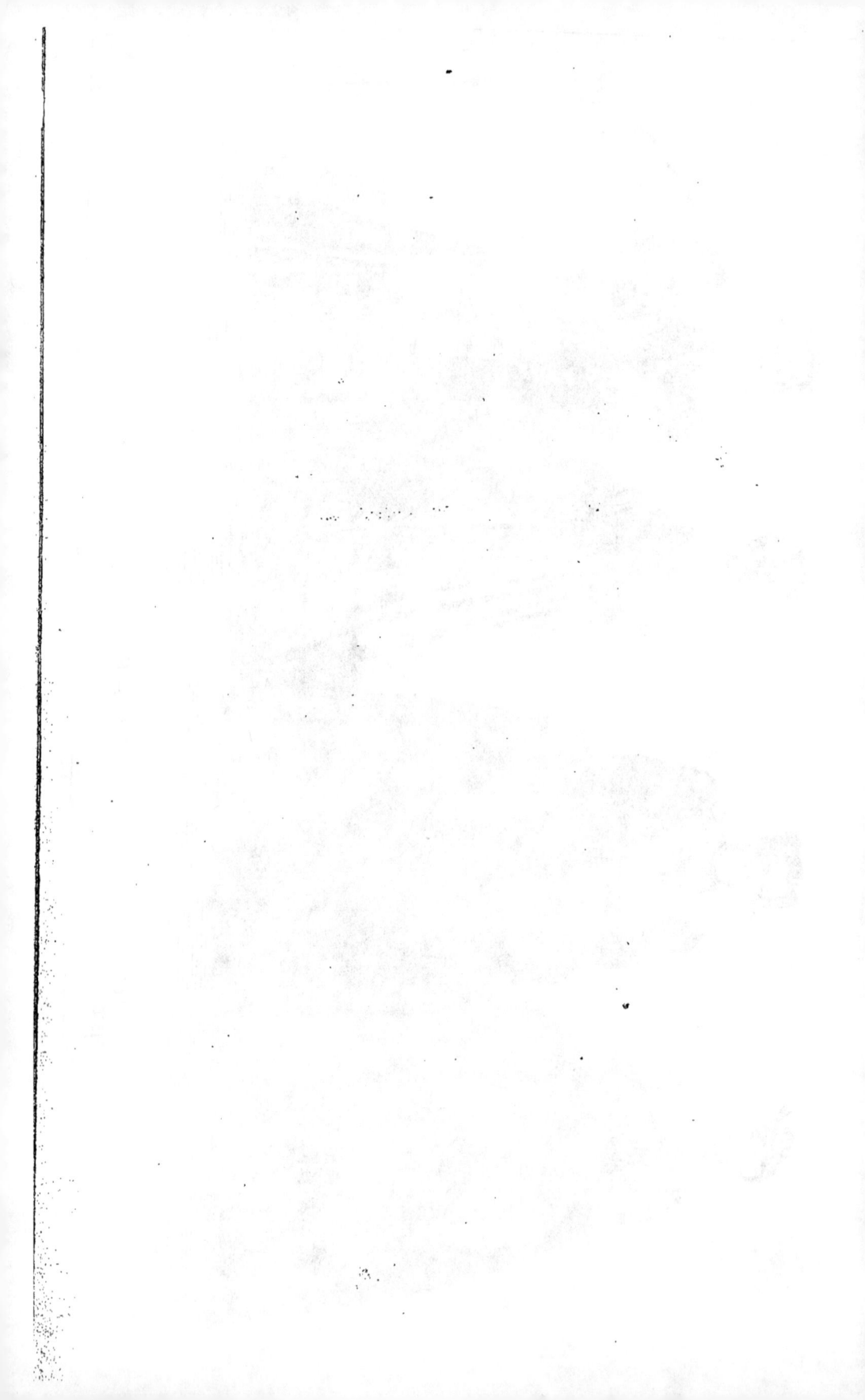

CHAPITRE XIV

RÈGNES DE HENRI IV ET DE LOUIS XIII

1589 A 1643

Deuil général, après la mort des Guises ; guerre aux toilettes brillantes. — A propos du vertugadin, « corps espagnolé ». — Les perles, pierreries, diamants de Gabrielle d'Estrées et de la reine. — Toilette de Marguerite de France. — Habits décolletés. — Coiffures en cheveux. — Ordonnances nouvelles de Louis XIII. — Caricatures : *Pompe funèbre de la Mode*. — Rubans ou « galants ». — Toilettes de veuves. — Ceinture *demi-ceint*. — Les « mouches » apparaissent. — Les masques ; leur usage. — Frondeuses.

Il est bien facile de s'expliquer les relations qui existent entre les événements d'une époque et les modes suivies dans le même temps.

Parfois, si les idées sont sérieuses, si la société est soumise à de rudes épreuves, si des malheurs continuels ont frappé les masses populaires, la manière de s'habiller se ressent de toutes ces vicissitudes.

Les choses se passent ainsi, le plus ordinairement.

D'autres fois, au contraire, on dirait que le luxe se plaît à insulter à la misère publique, ou qu'une profonde indifférence, touchant les tristesses générales, porte le petit nombre des heureux d'une époque à ne changer en rien ses façons d'être, à courir sans cesse de fantaisies en fantaisies, et à continuer imperturbablement ses adorations devant l'inconstance de la mode.

Notons une exception remarquable, qui se produisit à Paris, en décembre 1588, aussitôt après le meurtre du duc de Guise aux Etats de Blois. Le deuil fut complet, parmi les ligueurs de la capitale. Les processions expiatoires ou funèbres se succédèrent. On

7

ne toléra pas les toilettes brillantes. « Quand une demoiselle portait non-seulement une fraise à la confusion, mais un simple rabat un peu trop long, ou des manches trop découpées ou quelque autre superfluité, les autres demoiselles se jetaient sur elle, et lui arrachaient son collet ou lui déchiraient ses robes. »

Mais, nous le répétons, il s'agit là d'une exception. Aux époques même les plus troublées de notre histoire, le luxe semble n'avoir perdu aucun de ses droits. Les Français, et surtout les Françaises, ont si grand besoin de distraction! L'ennui leur vient si vite! Le désir de briller ou, pour parler plus exactement, le goût de l'élégance a poussé de si profondes racines dans le caractère national! En France, si le luxe n'existait pas, il faudrait l'inventer. Quand il s'en va, l'on croit tout perdu.

Inutile de rappeler les péripéties du règne de Henri IV, qui commence par des guerres civiles et qui finit par un assassinat. Mais le héros du temps, le vainqueur d'Ivry, le roi qui « confondit et Mayenne et l'Ibère, » aimait peut-être autant les fêtes que les combats.

Et la cour imita son chef. Les hommes continuèrent à se friser comme sous les règnes précédents; les dames ne délaissèrent point le masque, propice aux surprises, aux malices de toute espèce. Elles ne perdirent point l'habitude de se parfumer d'ambre gris, de musc et d'eaux cordiales; de plus, elles étonnèrent par l'ampleur de leurs *vertugadins*.

Le vertugadin, composé de cerceaux de fer, de bois ou de baleine, datait de la première moitié du seizième siècle, sans prendre jamais, sous les Valois, à quelques exceptions près, des proportions exorbitantes. Les Valois avaient eu bien d'autres excentricités, comme on l'a vu; ils demeurèrent à peu près raisonnables sur ce point.

Dès l'apparition du vertugadin, resté typique dans l'histoire de la mode, on employa des éclisses de bois pour presser la taille et lui donner plus de finesse et de grâce; on se servit ensuite de buscs, de corps de baleine et de corsets. Il s'agissait de faire paraître la taille plus mince. De là toute une architecture, composée pour obtenir le résultat que nos contemporaines veulent atteindre quelquefois avec le corset.

Le vertugadin nous venait en droite ligne d'Espagne. « Pour faire un corps bien espagnolé, dit Montaigne, quelle géhenne les femmes ne souffrent-elles pas, guindées et sanglées avec de grosses coches sur les côtés jusques à la chair vive, oui, quelquefois à en mourir ! »

Pendant le règne du Béarnais, le vertugadin, résistant aux satires qu'il avait inspirées, ne rogna pas d'un pouce son gigantesque diamètre. Vainement la mode en était extravagante. Les dames ressemblèrent presque toutes à des cloches, pour employer une figure dont je laisse la responsabilité à quelques historiens.

En général, leur corsage se boutonnait par devant et se terminait carrément ; mais souvent elles entr'ouvraient ce corsage, qui s'allongeait en pointes aiguës, après avoir laissé voir une chemisette bien blanche et délicieusement garnie de broderies ou de dentelles.

Gabrielle d'Estrées se chargeait de perles et de pierreries ; on citait sa robe de satin noir toute *houppée* de blanc ; elle paya jusqu'à dix-neuf cents écus un mouchoir brodé dont elle se para pour un ballet. Il arriva que des dames de la cour étaient tellement chargées de perles et de pierreries, qu'il leur devenait impossible de se remuer. Au baptême des enfants du roi, le 14 septembre 1606, la robe de la reine, « de trente-deux mille perles et de trois mille diamants, la mettoit hors de pair et de prix. » Ces exhibitions de diamants devaient aller toujours croissant.

Le vertugadin, que Mme de Mottéville déclarait une « machine ronde et monstrueuse, » finit son règne en 1630.

Mais les bas rouges, en soie, appelés *bas de fiammette*, mais les souliers à la Choisy, en satin rouge ou bleu, mais les patins en velours cramoisi, à hautes semelles de liège, survécurent au vertugadin, ainsi que les manchons de velours, de martre ou d'hermine, pour l'hiver. Boucles d'oreilles et collier de perles, éventail ouvragé, gants de peau cachant hermétiquement la main et le poignet, passant sous des manchettes blanches, bonnet connu depuis sous le nom de *bonnet à la Marie Stuart*, cheveux crêpés et symétriquement redressés sur le front, robe de dessus en satin noir, robe de dessous garnie de passementeries, collerette évasée, en entonnoir, immense fraise, montant jusqu'au haut de la nuque, voilà le costume que portait Marguerite de France, fille de Henri II, et première femme de Henri IV.

Marguerite de France, que les courtisans appelèrent *déesse*, avait une beauté d'un éclat surprenant, des grâces, de l'enjouement, et le don de plaire poussé au suprême degré. Elle faisait, dit-on, faire ses « carrures » et ses jupes beaucoup plus larges qu'il ne le fallait. Enormément grosse, pour se rendre de plus belle taille, elle faisait mettre du fer-blanc aux deux côtés de son corps. Il paraît qu'il y avait bien des portes par lesquelles cette princesse ne pouvait passer.

On adoptait pour étoffes de robes, outre le satin, le velours, le damas et le taffetas de toutes couleurs. Il y avait les robes à *collets débordés*, qui tombaient sur le dos et sur le haut des bras ; il y avait les fraises à *grands godrons*, découpées et fenêtrées de telle manière que l'on voyait très-aisément la peau au travers ; il y avait des ceintures d'un prix exorbitant, avec des étuis, avec ciseaux à branches d'or, avec des bourses de velours à passements dorés, suspendus à ces ceintures par une chaîne d'or.

Peu à peu, par cette funeste puissance de l'exemple qui mène aux excès sans limite, le goût des toilettes décolletées prit une grande extension.

Il fallut qu'un pape, Innocent XI, intervînt du haut de la chaire de Saint-Pierre.

Ce pontife, d'ailleurs hostile à la France, ne ménagea pas plus le beau sexe que les hommes politiques, et lança une bulle par laquelle « il enjoignait à toute femme ou fille de se couvrir la poitrine, les épaules et les bras jusqu'au poignet, avec des étoffes non transparentes, sous peine d'excommunication. »

Mais les foudres de l'Eglise, il importe de le reconnaître, n'arrêtèrent pas les excès de la mode, et les toilettes légères, transparentes, décolletées fournirent une longue carrière. Que le Vatican ou le parlement français fissent entendre leurs voix, rien ne prévalait contre les mœurs du jour.

Dès l'année 1587, une des dernières du règne si troublé de Henri III, les femmes s'étaient engouées de la coiffure en cheveux surmontée d'une plume.

Les historiens spéciaux comptent quatre sortes de coiffures ainsi nommées : 1° la coiffure à *boucles frisées*, dont vous devinez facilement la forme ; 2° celle à *passe fillons ;* 3° celle à *oreillettes*, sorte de chapeau à fond élevé, dont l'étoffe, naturellement chiffonnée, forme une multitude de plis ; 4° enfin, la *coiffure à l'espagnole*.

Cette dernière coiffure mérite description, à cause de son élégance et de son étrangeté. Imaginez-vous l'effet que devait produire une riche toque espagnole brodée en or ou brodée de galons, artistement placée sur le derrière de la tête ! Ajoutez-y les cheveux frisés autour du front. Le tout s'accommodait avec plusieurs tresses ornées de rubans et de pierreries, qui descendaient délicatement sur les côtés du cou et flottaient au vent. La coiffure à l'espagnole ne trouva presque pas d'opposantes.

A la transparence des toilettes, à la légèreté des parures de tête se joignirent les chaussures fines et remarquables par la fantaisie. Les femmes chaussaient surtout la *mule* vénitienne, quand elles ne se contentaient pas de souliers de couleur, avec un talon assez élevé.

Sous le rapport du luxe, la mode alla si loin pendant le règne de Henri IV, que les dentelles de Venise et de Florence abondèrent en France. Pour raviver l'industrie française, on prohiba ces importations. Mais la fraude s'organisa, et la coquetterie des Françaises faillit l'emporter sur les mesures administratives. Le roi plaisanta son ministre à propos du luxe des femmes. Sully prit certaines mesures qui réussirent pour un temps à modifier cette somptueuse extravagance des toilettes.

Louis XIII, fils du Béarnais, voulut suivre la voie indiquée par Sully.

En deux années, 1633 et 1634, deux nouvelles ordonnances prétendirent morigéner les caprices féminins. O fureur ! ô douloureuse impression ! les femmes crièrent à l'abomination, et une foule de caricatures vengèrent aussitôt ces charmantes désolées.

Un dessinateur représenta un bon marchand de la Flandre réduit au désespoir, s'arrachant les cheveux, exhalant toutes sortes de malédictions, foulant aux pieds des broderies, en s'écriant :

> Que fait-on publier? que venons-nous d'entendre?
> Mettons bas la boutique, et de nos passements
> Faisons des cordes pour nous pendre !

On donna le titre suivant à une autre estampe : *Pompe funèbre de la Mode, avec les larmes de Démocrite et les ris d'Héraclite*. Dans cette pièce, nous voyons la Mode portée par quatre femmes, et suivie par un immense cortége de *faiseuses*, barbiers, brodeurs et tailleurs. Ces pauvres gens, faisant contre fortune bon cœur, élèvent en l'air des bâtons chargés de dentelles et d'ajustements. Ils semblent porter une bannière. Au fond de l'estampe, il y a un sarcophage avec cette épitaphe :

> Ci-gist sous ce tableau, pour l'avoir mérité,
> La Mode, qui causait tant de folie en France.
> La mort a fait mourir la superfluité,
> Et va faire bientôt revivre l'abondance.

Ci-gît la Mode ! Les dames du temps durent bien rire sous cape; et comment admettre que la mode puisse *mériter de mourir ?*

En effet, elle survécut malgré les caricatures. Quoi qu'ordonnassent les édits, elle se réfugia à la cour, comme dans un asile inviolable, comme dans le lieu privilégié, comme dans le séjour naturel de l'hermine, des habits dorés, des dentelles et des pierreries.

Pendant ce temps, les modestes bourgeoises, ne pouvant enfreindre ostensiblement les lois somptuaires, remplacèrent les dentelles par des rubans de mille sortes, désignés sous le nom générique de *galants*. Les rubans noués ou nœuds de rubans parurent sur tous les costumes de bourgeoises, et même sur ceux des soubrettes de l'époque où Molière et Corneille écrivaient leurs chefs-d'œuvre. Touffes de ruban aux jupes, aux corsages, aux manches, aux cheveux ; il fallait que les bourgeoises eussent des rubans, quand les cavaliers en mettaient partout. La population française était enrubannée.

Avec cela, les bourgeoises continuèrent de porter le chaperon, petite coiffe découpée en pointe sur le front et munie par derrière d'un appendice, disposé de manière à tomber sur les épaules. On attachait la pointe avec des épingles.

Les grandes dames, elles aussi, ne dédaignaient pas le chaperon, mais seulement pour la toilette d'hiver.

La petite coiffe ne quittait jamais la tête des veuves, au costume austère. Après deux années de deuil en guimpe et en manteau, les veuves, dit un écrivain moderne, étaient astreintes toute leur vie, si elles ne se remariaient pas, à s'habiller de blanc ou de noir, et de la façon la plus simple. Mme d'Aiguillon, nièce du cardinal de Richelieu, ne craignit pas, la première, de se mettre en couleur après la mort de son mari. Encore ne se dispensa-t-elle pas du chaperon, qui, sous des noms différents — tantôt *languette* et tantôt *bandeau* — dura jusqu'à la fin du dix-septième siècle.

Selon Saint-Simon, Mme de Navailles, morte en 1700, fut la dernière veuve à laquelle on vit porter un bandeau.

Les grandes dames, dans leur déshabillé, avaient des coiffes ou des bonnets ronds, petits et sans passe. Cette coiffe, les servantes et les femmes du peuple l'ornaient d'une sorte de drapeau qui pendait par derrière, entre les épaules, et qu'on nommait *bavolette*. Qui douterait que la bavolette ait donné naissance au bavolet actuel ? Les femmes de campagne portaient pour coiffe un gros béguin piqué, que bien des provinciales ont conservé, et que les Picardes appellent une *cale*.

Chez les femmes du peuple, point de robe ; elles se contentaient des deux jupes et du corps ; elles remplaçaient parfois le corps par une *hongreline* ou camisole à grandes basques, avec le tablier pour compagnon indispensable.

La ceinture était un *demi-ceint* d'argent, une tresse de soie, large et décorée d'orfévreries ciselées ou émaillées. Le demi-ceint valait quelquefois quarante écus. Avec la chaîne qui suspendait les couteaux, les clefs, les ciseaux, etc., l'habillement d'une chambrière était vraiment assez luxueux.

Dans son ensemble, la toilette des femmes ne se modifia guère sous Louis XIII. Signalons néanmoins l'apparition des *mouches*, que nous devons retrouver jusque sous la Régence, alors qu'on en comptait sept principales.

La mouche était tout simplement un petit morceau de taffetas noir gommé, qu'une femme appliquait sur son visage, dont il faisait merveilleusement ressortir la blancheur. Chaque dame plaçait les mouches selon son goût, et principalement selon l'expression de sa figure. Il fallait voir, au milieu d'une promenade ou d'une rue, telle personne de qualité s'arrêter soudain, se saisir de la boîte à mouches qu'elle portait avec elle, se regarder devant le miroir qui se trouvait à l'intérieur du couvercle de la boîte, et réparer incontinent la chute d'une mouche.

La mode des mouches ne naquit pas au dix-septième siècle, comme on pourrait le croire. Ce fut, au dix-septième siècle, un ressouvenir des anciens Romains, chez lesquels les orateurs eux-mêmes usaient des mouches à la tribune. Nous avions raison de dire qu'il n'y a rien de nouveau sous le soleil.

On assure que certains emplâtres ordonnés contre les maux de tête avaient donné l'idée de cet enjolivement. Ce qui avait été ordonné pour la santé, demeura en usage pour offrir des secours à la beauté.

Après avoir cherché à animer et à embellir par la mouche les visages découverts, il restait à cacher sous le masque les figures maltraitées par la nature, ou à rendre la beauté mystérieuse en forçant les gens à en douter, en excitant leur curiosité incrédule.

L'origine du masque remonte au règne de Henri II. Il reparut avec fureur sous Louis XIII.

Les dames, pour ne pas être reconnues, se cachèrent sous des masques de velours noir que du satin blanc garnissait intérieurement. Ils se ployaient en deux, comme un portefeuille. Pour les fixer, point de lien véritable. Seulement, une petite tige légère faite en argent, terminée par un bouton, était pratiquée à l'intérieur, et, entrant dans la bouche d'une femme, suffisait pour maintenir le masque. De plus, grâce à cet objet, toute voix devenait méconnaissable, à ce point que, charmées d'échapper aux traits de la satire, bien des personnes portaient le masque dans les promenades publiques, aux bals, aux soirées et jusque dans les églises.

Le poëte Scarron définit certains masques, et les plus élégants, lorsqu'il dit dans son *Epître burlesque* à Mme de Hautefort :

> Parlerai-je de ces fantasques
> Qui portent dentelle à leurs masques,
> En chamarrant les trous des yeux,
> Croyant que le masque est au mieux?
> Dirai-je qu'en la canicule,
> Qu'à la cave même l'on brûle,
> Elles portent panne et velours?
> Mais ce n'est pas à tous les jours;
> Qu'au lieu de mouches les coquettes
> Couvrent leur museau de paillettes,
> Ont en bouche cannelle et clous,
> Afin d'avoir le flaire doux,
> Ou du fenouil que je ne mente,
> Ou herbe forte comme mente.

Le masque dit *loup* garantissait le visage du hâle. C'était là le prétexte que prenaient les dames pour se masquer. En réalité, elles voulaient se rendre méconnaissables.

Nous n'avons pas besoin de rappeler que les mouches et les masques n'empêchaient pas d'employer le fard ni le blanc d'Espagne.

Lorsque, après la mort de Louis XIII, la minorité de Louis XIV motiva les troubles de la Fronde; lorsque les grandes dames du temps se mêlèrent à la politique, dirigèrent les mouvements insurrectionnels et méritèrent le surnom de *belles frondeuses*, le masque eut un rôle tout à fait considérable.

Tramés dans les boudoirs, les complots éclataient dans les rues, et des femmes prenaient les armes pour exercer le commandement à la tête des groupes séditieux. Le cardinal Mazarin pouvait dire sans exagération : « Nous avons trois femmes en France qui seraient capables de gouverner ou de bouleverser trois royaumes : la duchesse de Longueville, la princesse Palatine et la duchesse de Chevreuse. »

Elles allaient masquées aux conciliabules de Beaufort ou de Condé, pour échapper aux regards des ennemis de leur parti.

Les frondeuses se plurent au rôle d'héroïnes, et la plupart du temps elles revêtirent, sinon un costume viril, du moins un vêtement moitié masculin, moitié féminin. Peut-être, dans leur enthousiasme politique, en arrivèrent-elles au point de regretter que le ciel ne leur eût pas accordé... la barbe et les moustaches !

Il existe des portraits de la duchesse de Longueville, frondeuse par excellence ; elle a le casque et la cuirasse ; son air et son maintien sont bien l'air et le maintien d'une héroïne. On retrouve en elle ce qui caractérise par la suite l'amazone du temps de Louis XIV.

Plusieurs princesses l'imitèrent, et l'époque de la Fronde marqua dans les annales de la mode française, surtout pour la diversité des costumes, car personne ne commandait aux grands seigneurs et aux grandes dames dans ce temps d'anarchie nobiliaire.

CHAPITRE XV

Louis XIV commande. — Luxe et plaisirs de la cour ; déguisements. — La mode et l'étiquette. — Modes successives. — Ordonnances royales. — Costume de Lavallière. — Costume de Mme de Montespan. — Toilette d'une dame de qualité, en 1668. — — Les « échelles de Mme de la Reynie ». — Les « transparents ». — Le coiffeur Champagne. — Les « hurlubrelus » et Mme de Sévigné. — Moustaches des femmes ; mouches. — Les « palatines ». — Mules ; talons hauts. — Corset ; éventails ; citrons doux. — Coiffure « à la Fontanges ». — Coiffures anglaises, basses. — Après *Esther*. — Les « steinkerques ». — Manches *Amadis*, « jansénistes ». — Toilettes de la duchesse de Bourgogne.

Mais voici un roi qui commande — Louis XIV. Jeune, il commande au plaisir ; vieux, il commande aux consciences.

Jeune, à l'âge mûr, ou près de sa fin, Louis XIV ne peut se passer d'une galerie de courtisans des deux sexes. Pour se les attacher, il compte sur les attractions des fêtes et de la mode, sur les amusements perpétuels, sur les plaisirs de toutes sortes.

Pendant le carnaval de 1659, «la cour, dit Mlle de Montpensier, n'arriva qu'au commencement de février... On se déguisa souvent : nous fîmes une mascarade la plus jolie du monde. Monsieur, Mlle de Villeroy, Mlle de Gourdon et moi, nous étions habillés de toile d'argent avec des passepoils couleur de rose, des tabliers et des pièces de velours noir avec de la dentelle or et argent. Nos habits étaient échancrés à la bressane, avec des manchettes et collerettes à leur mode, de toile jaune, à la vérité un peu plus fines que les leurs. Il y avait à nos manchettes et collerettes du passement de Venise. Nous avions aussi des chapeaux de velours noir, tout couverts de plumes couleur de feu, de rose et blanc. Mon corps était lacé de perles et attaché avec des diamants ; il y en avait partout. Monsieur et Mlle de Villeroy étaient parés de diamants, Mlle de Gourdon d'émeraudes. Nous étions coiffées en paysannes de Bresse, avec des cheveux noirs, des houlettes de vernis couleur de feu, garnies d'argent. Les bergers étaient le duc de Roquelaure, le comte de Guiche, Péquilain et le marquis de Villeroy, etc. »

En 1662, « la cour était dans la joie et dans l'abondance ; les courtisans faisaient bonne chère, et jouaient gros jeu. L'argent roulait, toutes les bourses étaient ouvertes, et les notaires en faisaient trouver aux jeunes gens tant qu'ils en voulaient. Aussi ce n'étaient que festins, danses et fêtes galantes. »

En 1664, Louis XIV, entre temps, distribua des étoffes à toutes les personnes de sa cour, qui ne furent plus vraiment libres de s'habiller selon leurs goûts. Quand il eut fait construire, en 1679, le pavillon de Marly, toutes les dames de la cour trouvèrent dans leur corbeille une toilette complète et les dentelles les plus merveilleuses. Lorsque les princes de sa famille n'obtenaient les broderies de soie bleue que par une distinction spéciale, cela comptait officiellement parmi les « bienfaits du roi. »

La mode devint une question d'étiquette. Louis XIV en dicta les lois ; la cour se rangea aux fantaisies du monarque, et la ville suivit la cour, autant qu'elle le put, plus qu'elle ne l'aurait dû, raisonnablement..

Les toilettes rivalisaient de luxe, chez les femmes et chez les hommes. Dans les résidences royales, remarque Voltaire, toutes les dames trouvaient un costume complet. Il suffisait qu'une princesse se montrât avec un costume brillant, pour que chaque dame de qualité tînt à honneur de s'y conformer, sinon de l'éclipser. Des sommes folles passèrent dans les toilettes, à tout instant renouvelées. « A peine une mode avait détruit une autre mode, dit La Bruyère, qu'elle était abolie par une plus nouvelle, qui cédait elle-même à celle qui la suivait, et qui n'était pas la dernière. » Jamais les délicatesses du goût n'avaient été poussées si loin.

D'une part, le roi signait des ordonnances contre le luxe, qu'il encourageait indirectement par des fêtes inouïes. Les bourgeois seuls applaudissaient à ces ordonnances.

L'édit de 1700 inspira une gravure au bas de laquelle on lisait :

A femme désolée mari joyeux...
Trêve à la bourse du mari jusqu'à nouvelle mode.

D'autre part, un arrêt du conseil, du 21 août 1665, déclara qu'aucune fille ou femme ne pourrait être reçue marchande lingère, si elle ne faisait profession de la religion catholique, apostolique et romaine.

L'historique du costume, féminin et masculin, depuis la minorité de Louis XIV jusqu'à 1715, offre des phases bien diverses, qui s'accordent avec les variations de la cour.

En arrivant à Paris (août 1660) Marie-Thérèse « était vêtue d'une robe enrichie d'or, de perles et de pierreries, et elle était parée des plus riches joyaux de la couronne. »

Une année après, à la fête de Vaux, Mlle de La Vallière avait une robe blanche, « étoilée et feuillée d'or, à point de Perse, arrêtée par une ceinture bleu tendre, nouée en touffe épanouie au-dessous du sein. Épars en cascades ondoyantes, sur son cou et ses épaules, ·ses cheveux blonds étaient mêlés de fleurs et de perles sans confusion. Deux grosses émeraudes rayonnaient à ses oreilles ». Les bras, nus, étaient cernés, au-dessus du coude, d'un cercle d'or ciselé à jour : les jours étaient des opales. Mlle de La Vallière portait des gants en dentelle de Bruges, un peu blanc-jaunes.

Plus tard, selon Mme de Sévigné, Langlée, ordonnateur des jeux de la cour, donna à Mme de Montespan « une robe d'or sur or, rebrodé d'or, rebordé d'or, et par dessus un or frisé, rebroché d'un or mêlé avec un certain or, qui fait la plus divine étoffe qui ait jamais été imaginée... »

Toutes les femmes, y compris la reine mère, s'étaient servies

de masques jusqu'en 1663. Cette mode passa peu à peu, à mesure
que les aventures politiques allèrent disparaissant.

Toutefois elle n'avait pas encore perdu son empire en 1695.

« A l'égard des dames, dit un *Traité de la civilité* publié à Paris,
il est bon de savoir qu'outre la révérence qu'elles font pour saluer,
il y a le masque, les coiffes et la robe, avec quoi elles peuvent
témoigner leur respect; car c'est incivilité aux dames d'entrer
dans la chambre d'une personne à qui elles doivent du respect, la
robe troussée, le masque au visage et les coiffes sur la tête, si ce
n'est une coiffure claire. C'est incivilité aussi d'avoir son masque
sur le visage en un endroit où se trouve une personne d'éminente
qualité, et où on peut en être aperçu, si ce n'est que l'on fût en
carrosse avec elle. C'en est une autre d'avoir le masque au visage
en saluant quelqu'un, si ce n'était de loin; encore l'ôte-t-on pour
les personnes royales. »

Ces prescriptions prouvent le grand usage que l'on avait fait du
masque.

Une femme de qualité, en 1668, portait toujours une robe de
dessous en satin moiré ou glacé, avec une robe de dessus traînante par derrière, et que l'on relevait du bras gauche. Les manches bouffantes, en dentelles et enrubannées, ne couvraient pas la
moitié du bras. Elles n'avaient point de « crevés ». Le corsage se
terminait aux hanches et, parfaitement bien pris à la taille, finis-
sait en pointe sur le ventre. La robe de dessous était ornée de deux
bandes brodées en soie ou en or, et celle de dessus d'une seule
bande, comme la tunique des Grecques et des Romaines.

Çà et là, au corsage, des passementeries et des rubans, avec une
collerette de dentelle couvrant le dos et la poitrine. Le plus souvent, les femmes mettaient un collier de perles. Les manchettes
importaient beaucoup à l'économie d'une toilette soignée. « J'ai ouï
dire d'une présidente (Tambonneau), écrit Furetière, qu'elle est
une heure entière à mettre ses manchettes. »

Des nœuds s'attachaient partout où la dentelle faisait bordure.
Étagés des deux côtés du busc, par devant, ils étaient nommés
« échelles ».

Un jour qu'on vantait à Mme Cornuel les échelles de Mme de La Reynie : « Je m'étonne bien, dit la malicieuse dame, s'il n'y avait pas quelque potence à côté. »

Aux échelles succédèrent les chamarrures de rubans et de chenille. Des boutons, posés sur de la soutache de ganse ou de chenille, correspondaient avec des « freluches » ou « fanfreluches », c'est-à-dire avec des houppes de soie.

La mode des « transparents » date de 1676. « Avez-vous ouï parler des *transparents?* demande Mme de Sévigné. Ce sont des habits entiers des plus beaux brocarts d'or et d'azur qu'on puisse voir, et par-dessus des robes noires transparentes ou de belles dentelles d'Angleterre ou de chenille veloutée sur un tissu, comme ces dentelles d'hiver que vous avez vues. Cela compose un transparent qui est un habit noir et un habit tout d'or et d'argent ou de couleur, comme on veut, et voilà la mode. » On appelait « quilles d'Angleterre » la dentelle noire qui se mettait sur les jupes.

Colbert encourageait ouvertement la fabrication de la dentelle. Une ordonnance du 5 août 1665 fonda, sur une large échelle, « une manufacture des points de France, » hôtel de Beaufort, à Paris. Les villes qui devaient être le berceau de cette industrie si précieuse s'appelaient Arras, le Quesnoy, Sedan, Château-Thierry, Loudun, Aurillac et surtout Alençon.

Vinrent ensuite Valenciennes, Lille, Dieppe, le Havre, Honfleur, Pont-l'Evêque, Caen, Gisors, Fécamp et le Puy.

Les fabrications françaises rivalisèrent avec celles des étrangers — avec les points de Bruxelles et de Malines.

Cette première période de la toilette féminine restera surtout remarquable par les monuments éphémères de la coiffure.

Le sieur Champagne, grâce à son adresse pour coiffer et pour se faire valoir, était recherché de toutes les coquettes. « Leur faiblesse le rendit si insupportable, qu'il leur disoit tous les jours cent insolences : il en a laissé telles à demi coiffées. » Maître Adam s'écria, indigné :

> J'enrage quand je vois Champagne
> Porter la main à vos cheveux.

Les dames se coiffaient « à la Ninon, » c'est-à-dire qu'aucune bandelette ne retenait leur chevelure bouclée, séparée par une raie faite avec soin sur le devant de la tête et à demi cachée, vers la nuque, par un voile de gaze blanche.

Parfois elles passaient dans leurs cheveux l'« appretador », chaîne de diamants ou fil de perles. Ou bien, on leur voyait des tours de cheveux de plusieurs couleurs, des « postiches », mèches de faux cheveux.

Vers le temps du mariage du duc d'Orléans avec la princesse Palatine (1671), les coiffures à la mode se nommaient « hurlu-brelus. » M** de Sévigné les trouvait très-extraordinaires. « Elles m'ont fort divertie, déclare-t-elle. Il y en a qu'on voudroit souffleter. »

Mais M** de Sévigné revint sur sa première impression.

La coiffeuse Martin, héritière de la vogue de Champagne, avait « poussé cette mode, qui seyait fort bien à certaines dames. Elle coupait les cheveux de chaque côté, d'étage en étage, dont elle faisait de grosses boucles rondes et négligées, ne descendant pas plus bas qu'un doigt au-dessous de l'oreille. Les rubans se plaçaient comme à l'ordinaire. Il y avait une forte boucle nouée entre le bourrelet et la coiffure, quelquefois traînant jusque sur la gorge. »

A l'époque de sa faveur, « M** de Montespan était habillée de point de France, coiffée de mille boucles ; les deux des tempes lui tombaient fort bas sur les joues. Des rubans noirs à la tête, des perles de la maréchale de l'Hôpital, accompagnées de boucles et de pendeloques de diamants de la dernière magnificence. Trois ou quatre poinçons, point de coiffe... »

Les « moustaches » étaient des cheveux qu'on laissait croître. « Les femmes avaient des moustaches bouclées qui leur pendaient le long des joues jusque sur le sein. On faisait la guerre aux servantes et aux bourgeoises, quand elles portaient des moustaches comme les demoiselles. »

Les mouches en taffetas noir plaisaient à beaucoup de dames, depuis la Fronde.

Un poëte, qui signe « la bonne faiseuse, » leur disait :

> Tel galant qui vous fait la nique,
> S'il n'est pris aujourd'hui, s'y trouve pris demain ;
> Qu'il soit indifférent ou qu'il fasse le vain,
> A la fin la *mouche* le pique.

La Fontaine, à son tour, plaçait dans la bouche d'une fourmi ces quatre vers :

> Je rehausse d'un teint la blancheur naturelle,
> Et la dernière main que met à sa beauté
> Une femme allant en conquête,
> C'est un ajustement des *mouches* emprunté.

Comme affiquets de fantaisie, les dames avaient des « palatines », faites de voile de gaze blanche ; des palatines de point d'Angleterre ou de France, pendant l'été ; de martre pendant l'hiver. Ce nom venait de Charlotte-Élisabeth de Bavière, fille de l'électeur Palatin, deuxième femme de Monsieur, laquelle se servit la première de cet ornement pour éviter, dit-on, l'indécence de la nudité des épaules et de la gorge.

Cette princesse, que les courtisans déclaraient « toute d'une pièce », à cause de sa franchise et de sa vertu, n'obtint que le succès de la « palatine », parmi les élégantes de Versailles.

Des gants de peau remontant vers le haut du bras, ou des mitaines longues, en filet de soie, faisaient valoir comme il convenait la beauté des mains des femmes, tandis qu'une charmante mule de satin rose ou bleu, accompagnée d'une jolie rosette sur le cou-de-pied, tenait leurs pieds emprisonnés. « Cela me fait ressouvenir, observe Tallemant, de quelques filles de la reine qui, pour être chaussées mignonnement, se serrèrent les pieds avec les bandelettes de leurs cheveux, et de douleur s'évanouirent dans le cabinet de la reine. »

Bientôt parurent les « talons hauts », excentricité qui ne cessa pas d'aller en augmentant, jusqu'à ce qu'on regardât comme de dimension fort ordinaire les talons élevés de huit centimètres au moins.

8

Le corset, si funeste à la santé, serrait la taille des coquettes du dix-septième siècle. Cet usage les gênait. Aussi ne manquaient-elles jamais de jouer de l'éventail peint, monté sur de légères baguettes en bois, en nacre, en ivoire, en acier ou en or, pour se donner une contenance gracieuse.

En 1656, Christine de Suède, voyageant en France, étonnait tout le monde par ses singularités et par la bizarrerie de son costume.

Quelques femmes françaises consultèrent Christine pour savoir si elles devaient porter des éventails en été comme en hiver.

La reine de Suède leur répondit, avec une franchise assez grossière :

— Je ne crois pas : vous êtes suffisamment éventées.

Mais les Françaises adoptèrent l'éventail pour l'été, sans vouloir suivre le conseil de Christine.

Elles tenaient aussi à la main, quelquefois, un citron doux qu'elles mordaient de temps en temps afin de rendre leurs lèvres vermeilles.

De 1660 à 1680 environ, la toilette féminine ne subit point de modifications essentielles. Quelques changements de détails, à peine, se produisirent. Mais les tailles en pointe demeurèrent, ainsi que les manches courtes et les amples jupes retroussées sur des jupes étroites.

Dans la coiffure, il se manifesta une variante fort inattendue. La duchesse de Fontanges assistait à une chasse royale, lorsqu'un coup de vent dérangea son bonnet. Elle le rattacha avec les rubans qui lui servaient de jarretières. Les nœuds retombèrent sur son front.

Cette coiffure improvisée, étrange, entièrement née du hasard, plut à Louis XIV. Elle devint, par conséquent, celle des dames de la cour d'abord, puis des bourgeoises de la ville, sous le nom de « coiffure à la Fontanges ».

Qu'on se représente une carcasse en fil de fer, haute d'un demi-mètre au moins, divisée en plusieurs étages, et surmontée ou recouverte de bandes de mousseline, rubans, chenilles, perles, fleurs, aigrettes, etc. Chaque pièce de ce monument capillaire reçoit un nom : le solitaire, le duc, la duchesse, le capucin, le chou, l'asperge, le chat, le tuyau d'orgue, le premier ou le deuxième ciel, et la souris. La souris est un petit nœud de nonpareille, qui se place dans le paquet de cheveux hérissés garnissant le pied de la fontange bouclée.

> Une palissade de fer
> Soutient la superbe structure
> Des hauts rayons d'une coiffure ;
> Tel, au temps de calme sur mer,
> Un vaisseau porte sa mâture.

« Pour peu que les femmes remuent, le bâtiment tremble et menace ruine. » Les difficultés à vaincre dans la construction de ces pièces montées, et les soins qu'exige leur conservation, n'en dégoûtent pas les femmes.

Pourtant le roi blâmait. Les dames de la cour obéirent pendant quelques mois à la voix de Louis XIV, après la mort de Mlle de Fontanges. Ensuite elles passèrent outre.

Trente années durant, les gigantesques ouvrages de tête se montrèrent à Versailles, sous les yeux mêmes du monarque vieillissant, « qui avait beau crier contre les coiffures hautes. »

Il voyait les tignons ou torsades contournées en divers replis narguer Sa Majesté. Il voyait la « passagère », touffe bouclée près des tempes ; la « favorite », touffe pendante sur la joue ; les « cruches », petites boucles sur le devant de la tête ; les « confidentes », plus petites boucles près des oreilles, et les « crève-cœur », deux autres boucles plaquées sur la nuque du cou.

Chaque jour amenait de nouvelles complications. Où cela devait-il s'arrêter ?

Deux nobles anglaises, à coiffure basse, ayant été présentées (1714) au roi, à Versailles, Louis XIV dit aux dames de ses courtisans :

— Si les Françaises étaient raisonnables, elles renonceraient dès aujourd'hui à leur coiffure ridicule pour adopter la coiffure anglaise.

Malgré leur esprit d'insubordination, comment les dames de la cour auraient-elles bravé le « ridicule », et surtout l'opinion de leur souverain?

Elles allèrent d'une extrémité à l'autre. Le désir d'imiter les Anglaises les poussa à faire ce que, tout d'abord, « l'autorité du roi » n'avait pu obtenir d'elles.

Après *Esther* (1689), les modes changèrent tout à coup. Les modes de Ninon et de la Montespan avaient duré jusqu'à l'année du fameux jubilé de 1676. « Dans la douteuse aurore crépusculaire de Mme de Maintenon, dit J. Michelet, surtout dans les années équivoques qui précèdent le mariage, elle avait adopté une coiffure coquette et dévote, qui cachait et montrait l'écharpe qu'elle donna aux dames de Saint-Cyr, et que toutes imitèrent. Après *Esther,* l'écharpe est écartée. La face hardiment se révèle. La coiffure est haussée, surexhaussée par différents moyens ; elle semble imiter la mitre ou la tiare persane qu'on avait admirée sur ces têtes angéliques. Tantôt c'est un peigne gigantesque, une tour, une flèche de dentelles, et plus tard un échafaudage de cheveux ; tantôt le bonnet-diadème que prit Mme de Maintenon, le bonnet-casque, ou crête de dragon, dont les audacieuses (Mme la duchesse) décorèrent leur beauté hardie. Ses portraits et ceux de de Caylus, les plus jolis du temps, semblent donner la mode. »

La journée de Steinkerque, où le maréchal de Luxembourg battit le prince d'Orange, fut célébrée par les dames. Elles adoptèrent des « steinkerques », cravates qu'on roulait autour du cou avec une négligence qui ne manquait pas de recherche. Elles honoraient par là des officiers français qui, surpris à Steinkerque par l'ennemi, n'avaient eu que le temps de jeter leur cravate autour du cou pour s'élancer contre les Anglais et les mettre en déroute.

Alors toutes les bijouteries nouvelles furent à la « steinkerque ». Les cravates de cette sorte eurent peu de durée ; mais elles ressuscitèrent plus tard sous forme de « fichus ». Les dames se garnirent le cou de triangles de soie brodés de dentelles, de franges d'or, de filets d'or et d'argent.

Pour elles il y eut bien, en 1684, la jupe de dessous, garnie de
« falbalas » ou bandes d'étoffe plissée, ornements bouillonnés
ajoutés à la robe, soit en haut, soit en bas ; il y eut bien la robe
de dessus, traînante par derrière, comme celle de 1668. Mais le
corsage, de même couleur que la robe traînante, était muni d'une
basquette échancrée par devant. Le corsage, entr'ouvert, laissait
voir un plastron passementé, que surmontaient tantôt une chemisette de fine mousseline ou de dentelle, tantôt une « follette »,
espèce de fichu très-léger.

Les manches, au lieu d'être bouffantes, devenaient plates, avec
un volant de dentelle.

Plus de rosettes en ruban de satin. Les manches *Amadis* se
montrèrent pour la première fois dans les costumes d'*Amadis des
Gaules,* opéra, musique de Lulli, paroles de Quinault. Le chevalier
Bernin les avait dessinées.

D'autres manches que portaient les femmes pour couvrir leurs
bras, s'appelèrent « des jansénistes », allusion au rigorisme de
Port-Royal, toujours en guerre contre les personnes vêtues à la
légère.

On arrangea les cheveux en papillotes artistement roulées, sous
une coiffe de médiocre hauteur, ressemblant un peu à une toque
creuse, la plupart du temps tuyautée, faite de mousseline empesée
ou de magnifique dentelle.

Le collier terminait la toilette, avec l'indispensable éventail et le
soulier à haut talon, qui caractérise une époque du costume.

Aux fiançailles de la fille de Monsieur avec le duc de Lorraine,
la duchesse de Bourgogne revêtit, le premier jour, une robe d'un
tissu d'argent avec des fleurs d'or mêlées d'un peu de couleur de
feu et de vert, avec les diamants les plus beaux de la couronne
pour parure de tête. Le lendemain, sa robe était d'un damas gris
de lin, avec des fleurs d'argent, et une garniture de diamants et
d'émeraudes. Mademoiselle porta un habit de gros de Tours, brodé
d'or en plein ; sa jupe, de tissu d'argent, avait une broderie d'or,
dans laquelle il entrait un peu de couleur de feu. Elle ceignit une
riche parure de diamants, et s'enveloppa d'une mante de point

d'Espagne d'or de six aunes et demie de long, dont la grande-
duchesse tenait le bout ; plus, un habit d'étoffe d'argent, et la jupe
de même, toute chamarrée de dentelles d'argent. Sa parure consistait en diamants et rubis.

« Vers 1700, observe Michelet, les femmes n'ont plus les beaux
traits classiques des Ninon et des Montespan, ni le riche épanouis-
sement qu'on montrait sans façon. Le diable n'y perd rien. Si l'on
ne laisse plus voir de dos, d'épaules, le peu que l'on montre et que
l'on semble offrir, n'est que plus provoquant. Le front tout découvert, les cheveux relevés dont on voit toutes les racines, le très-
haut peigne ou bonnet-diadème, ont une audace qui ne correspond
guère à des visages d'enfants à traits petits et mous. Cette enfance
si peu naïve, avec la steinkerque masculine, leur donne l'air de
mignons de sérail ou de fripons de pages qui auraient volé des
habits de femmes. »

Mignard, qui posséda longtemps le gracieux monopole de faire
le portrait des dames de la cour, était remplacé par Nicolas Lar-
gillière, et la « mignardise » disparaissait un peu devant un goût
froid, mais plus simple, quoique maniéré encore. La toilette gar-
dait une afféterie incurable.

« Les femmes du pays (Versailles), dit La Bruyère, précipitent
le déclin de leur beauté par des artifices qu'elles croient servir à
les rendre belles : leur coutume est de peindre leurs lèvres, leurs
joues, leurs sourcils et leurs épaules, qu'elles étalent avec leur
gorge, leurs bras et leurs oreilles... »

Fénelon, cependant, indiquait combien l'élégante simplicité des
anciens était plus favorable à la vraie beauté que les modes contemporaines, qui tendaient à se surcharger et à se maniérer de
plus en plus.

Quand les moralistes s'élevaient contre leurs façons de comprendre l'art de plaire, les femmes s'obstinaient à « arranger la
nature » et à se couvrir d'affiquets prétentieux. Elles se moquaient,
comme les hommes, du *Traité contre le luxe des coiffures*, par l'abbé
de Vassetz, et des estampes satiriques publiées sur les modes
extravagantes.

L'exagération enleva toute grâce aux corsages serrés, comme les « pretintailles », immenses découpures appliquées en couleur différente sur le fond des jupes, donnèrent à celles-ci un poids insupportable.

Contre la multiplicité des noms de la mode, sous Louis XIV, l'auteur d'*Attendez-moi sous l'orme*, petite comédie en un acte, jouée en mai 1694, faisait dire à Agathe, fille d'un fermier :

— Il faut que les femmes de Paris aient bien de l'esprit pour inventer de si jolis noms.

A quoi le valet Pasquin répondait :

— Malepeste ! leur imagination travaille beaucoup. Elles n'inventent point de modes qui ne servent à cacher quelque défaut : falbala par haut pour celles qui n'ont point de hanches ; celles qui en ont trop le portent plus bas. Le col long et les gorges creuses ont donné lieu à la steinkerque ; et ainsi du reste.

Regnard ou Dufresny avaient raison, mais avouons que les femmes n'avaient pas tort.

HISTOIRE DE LA MODE

Louis XV
1725 à 1750

Louis XIV
1668 à 1694

lithomn imp. Paris

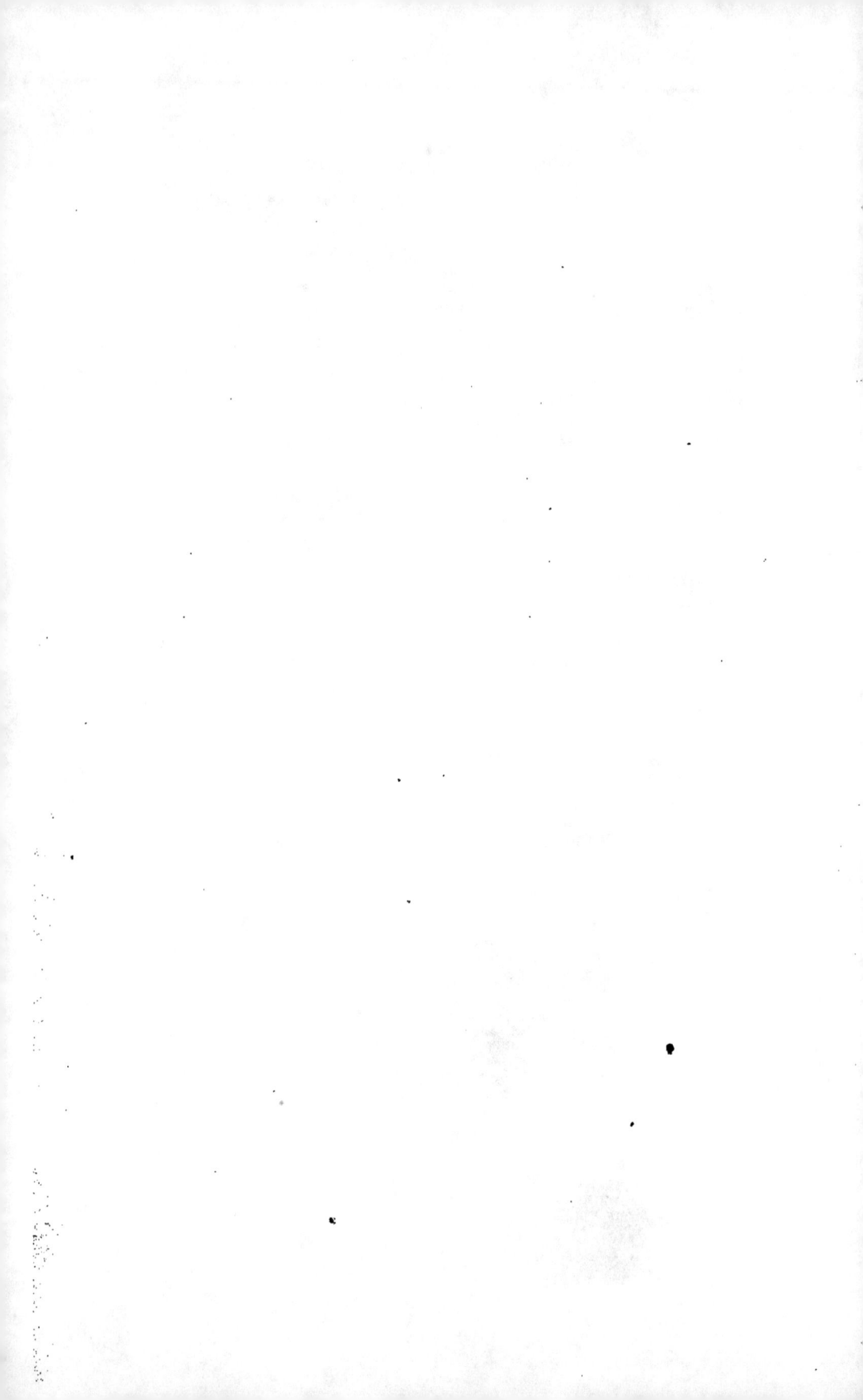

CHAPITRE XVI

RÈGNE DE LOUIS XIV

(suite)

1700 A 1713

Les pretintailles de Mme Turcaret. — *La Poule d'Inde en falbala*, caricature. — Chanson sur la pretintaille. — Procès de Mme Bonnet. — Étoffes brochées. — Les « andriennes ». — Les « criardes ». — Restauration des « cerceaux » et des paniers. — Saut d'un marin. — Paniers d'actrice et « coiffure grecque ». — Mme de Létorières. — D'Hèle au café Procope. — Compléments des toilettes. — Eventails et éventaillistes du dix-septième siècle. — Opinion de Mme de Staël-Holstein sur l'éventail.

On entendait par « pertintaille » ou « pretintaille » des ornements découpés et appliqués sur la robe. Lesage en parle, dans *Turcaret,* comme d'une nouveauté :

« Je suis toujours à l'affût des modes, dit Mme Turcaret ; on me les envoie toutes (en province) dès le moment qu'elles sont inventées, et je puis me vanter d'être la première qui ait porté des pretintailles dans la ville de Valognes. »

Or il faut se rappeler que la comédie de *Turcaret* date de février 1709.

Le falbala et la pretintaille se confondaient. Ces deux nouveautés n'échappèrent point aux traits de la satire, car le succès donne souvent prise aux railleries.

Une caricature fut composée sur *la Poule d'Inde en falbala*. Au bas de la gravure, on lisait ces vers :

> Femme, en pretintaille et fontange,
> Croit être belle comme un ange ;
> Mais ce vain falbala, par son ample contour,
> La rend grosse comme une tour,

> Et tout cet attirail si fort l'enfle et la guinde,
> Qu'elle ressemble un poulet d'Inde.

De plus, nos aïeux chantèrent une chanson, au sujet de la pretintaille, sur l'air : *la Cheminée du haut en bas :*

> Lorsqu'une chose est nouvelle,
> C'est assez pour estre belle ;
> Des autres on fait peu de cas,
> 　　La, la, la,
> La pretintaille en falbala !

> Il n'importe qui l'invente,
> Quoyqu'ell' soit extravagante,
> Le bon goût lui cèdera,
> 　　La, la, la,
> La pretintaille en falbala !

> Mais on la voit disparaître
> Au moment qu'on la voit naître,
> Car tout change et changera,
> 　　La, la, la,
> La pretintaille en falbala !

Les empiétements de la pretintaille ne s'arrêtèrent point.

Un devanteau ou tablier était quelquefois si pretintaillé que le morceau le plus grand ne l'était pas plus que le creux de la main. On pretintaillait les falbalas, en en mettant, par exemple, un rouge, un vert, un jaune, etc., puis en recommençant ces mêmes couleurs alternativement. On pretintaillait quelquefois les volants des jupes, de quatre ou cinq couleurs, en sorte que le premier était quelquefois vert, le second jaune, le troisième rouge, le quatrième bleu, le cinquième blanc.

Au commencement de la mode des pretintailles, Mme Bonnet eut un long procès avec une couturière, qui lui demandait huit cents livres pour la façon d'une jupe à pretintailles, et elle fut condamnée à payer. Le marché était fait à un sou de chaque aune de couture.

Après ces temps d'engouement sans pareil, des pretintailles les dames revinrent aux étoffes brochées en or et en couleur, dont les ramages étaient fort grands. Ces robes ressemblaient à des rideaux de fenêtres. En effet, des nœuds de rubans relevaient les robes retroussées, que remplacèrent les « andriennes », robes longues, ouvertes et volantes, pareilles à celle que portait l'actrice Marie Carton Dancourt dans l'*Andrienne* de Térence.

Depuis longtemps les femmes, voulant faire taille fine, s'affublaient de « criardes », tournures de toile gommée. L'année 1711 remit en vigueur les anciens vertugadins, sous les noms de « cerceaux » et de « paniers ».

Certains auteurs prétendent que cette mode outrée a commencé en Allemagne, d'où elle passa en Angleterre, pour revenir sur le continent, en France. Les paniers ressuscitaient les vertugadins.

Le bruit que faisaient les tournures de toile gommée, pour peu qu'on les pressât, leur avait valu le nom expressif de « criardes ». Les « paniers » furent ainsi appelés parce qu'ils ressemblaient à des cages, ou à des paniers renfermant la volaille. Ils étaient percés à jour, et n'avaient que des rubans attachés aux cercles faits de nattes, de cordes, de joncs ou de baleines.

Avec les paniers, les petites femmes, aussi larges que hautes, paraissaient de loin comme des boules.

On vit des tonneliers et des vanniers confectionner des tournures. Ces inventions triomphèrent des railleries de toutes sortes accumulées contre elles. Les paniers étaient la ruine des ménages, l'effroi des marieurs, le supplice des passants.

Les paniers du matin s'appelaient « considérations ».

A en croire M. Emile de La Bédollière, un des historiens de la mode en France, un certain Panier, maître des requêtes, se noya dans une traversée de la Martinique au Havre. Son nom se popularisa. Les dames se plaisaient à dire, en montrant leur robe :

— Comment trouvez-vous mon « maître des requêtes » ?

Et elles riaient du jeu de mots, qui était d'un esprit douteux.

Malgré tout, ces paniers durèrent et allèrent même s'agrandissant de jour en jour. Les hommes en furent pour leurs frais d'opposition. On rapporte que, se trouvant dans une rue de la Cité, à Paris, un marin rencontra deux dames dont les paniers tenaient toute la largeur de la voie. Il n'avait aucun moyen de passer outre, et pourtant, par amour-propre sans doute, il ne voulait point rétro-grader. Qu'imagina notre homme? Il sauta avec une agilité rare par-dessus les paniers, dans l'espace qu'ils laissaient vide, aux applaudissements des spectateurs de l'un et de l'autre sexe.

Une actrice qui débutait dans le rôle d'une princesse fiancée au roi de Sparte, se présenta en scène ayant sur un panier de cinq aunes et demie de tour une jupe de gaze d'argent, garnie de bouillons de gaze d'or et de crêpe rose, bordé de jais bleu et semé de bouquets de roses. Sa robe était en gros de Tours rose. Des guirlandes de roses s'y trouvaient attachées par des écharpes de toile d'argent frangée. Elle traînait de six aunes sur le théâtre. Une riche broderie en argent, entremêlée de roses blanches en jais, terminait cette robe, dont les manches demi-courtes, drapées comme le bas et relevées, attachées par des boutons de diamants, laissaient voir l'étoffe semblable à celle de la jupe. Bracelets de rubis et de diamants ; au-dessus du panier, ceinture de strass et de rubis.

La coiffure de cette actrice était celle que le célèbre perruquier Hérain appelait «coiffure grecque ». Elle comprenait un crêpe volumineux, en forme de pyramide renversée, autour duquel se mêlaient les roses, les chatons et la gaze d'argent. Sur le haut se trouvait une couronne fermée ; par derrière tombait jusqu'au bas de la robe un immense voile « à vapeur» d'argent, c'est-à-dire de gaze très-légère, sur lequel ruisselaient des paillettes d'or ; à gauche s'élevait un énorme panache rose et blanc, surmonté d'un gigan-tesque héron.

Le complément de cette toilette curieuse consistait dans des bas de soie blancs à coin rose et argent, et dans des souliers pareils, dont les talons avaient au moins trois pouces de hauteur.

Les hommes aussi succombèrent à la contagion des cerceaux. Ils eurent leurs petits paniers, composés de baleines introduites dans les larges basques de l'habit.

M. de Létorières, dit-on, « avait un habit moiré couleur de paille, avec des parements en étoffe glacée d'or et de gros vert ; l'aiguillette or et vert sur l'épaule, avec une agrafe à son ruban steinkerque, et ses garnitures de grands et de petits boutons en prime d'opales enrichies de diamants, comme aussi la monture assortie pour son épée ; enfin, sa coiffure était à deux touffes de cheveux ondulés et poudrés de couleur écrue, qui lui tombaient légèrement et gracieusement sur le cou. »

C'était un temps où la mode régnait de la façon la plus despotique. Les rigueurs des saisons ne la pouvaient tenir en échec. D'Hèle arriva un jour au café Procope par un grand froid. Il était habillé en nankin.

— Comment faites-vous pour être ainsi habillé ? s'écrièrent tous les beaux esprits.

— Comment je fais, messieurs ? Vous le voyez bien, je gèle.

En visite et à la promenade, on portait le parapluie de bouracan lorsqu'il pleuvait, et lorsqu'il faisait froid, des balandrans, ou manteaux à travers lesquels on passait les bras.

Au dix-septième siècle, les pierres devinrent l'objet principal des bijoux : l'or ciselé en guirlandes, en fleurs, en ornements de toute sorte, ne fut plus employé que pour les enchâsser, les faire valoir. Une ordonnance du prévôt des marchands de Lyon défendit aux orfévres de vendre des étoffes lamées d'argent au-dessus de soixante et dix livres l'aune.

Mais nous savons l'inanité des lois somptuaires. Les objets de toilette les plus nombreux et les plus coûteux, produits remarquables de l'art industriel, secondèrent les inventions de la mode. Il existe au Louvre une râpe à tabac ayant certainement appartenu à une dame ou à un gentilhomme du temps de Louis XIV. C'est un petit meuble en ivoire sculpté.

Au dix-huitième siècle, il y avait de larges éventails, à long manche. Il était d'un grand ton, chez les hommes, de s'en servir pour châtier leurs femmes ou leurs filles.

Le commerce des éventails s'étendit tellement en France, et particulièrement à Paris, que les ouvriers en éventails formèrent une corporation comme ceux des autres métiers, sollicitèrent des statuts et des priviléges, que Louis XIV s'empressa de leur accorder. Au dix-huitième siècle, on devait compter plus de cinq cents fabriques d'éventails à Paris.

Le nombre des éventaillistes nous indique le succès de ce petit meuble, dont l'usage s'est continué.

« Supposons, écrivait plus tard Mme de Staël à une de ses amies ; supposons une femme délicieusement aimable, magnifiquement parée, pétrie de grâce : si, avec tous ces avantages, elle ne sait que bourgeoisement manier l'éventail, elle aura toujours à craindre de se voir l'objet du ridicule. Il y a tant de façons de se servir de ce précieux colifichet, qu'on distingue par un coup d'éventail la princesse de la comtesse, la marquise de la roturière. Et puis quelle grâce ne donne pas l'éventail à une dame qui sait s'en servir à propos ! Il serpente, il se resserre, il se déploie, il s'élève et s'abaisse selon les circonstances. »

CHAPITRE XVII

Que voyons-nous, sous le règne de Louis XV? Des paniers énormes, construits avec une habileté peu commune. Ces espèces de jupons trouvaient peu de dames opposantes. En marchant, celles-ci occupaient, de droite à gauche, un espace d'environ six pieds. Il n'était pas possible de tracer autour d'elles un cercle de moins de dix-huit pieds de circonférence.

Cependant on déclara la guerre aux paniers, comme on l'avait faite aux vertugadins du siècle précédent, et, dans cette guerre, le clergé se signala par la violence de ses attaques.

Un oratorien nommé Duguet publia un *Traité de l'indécence des paniers*. Après bien des phrases exagérées, nous y lisons cette réflexion, qui paraît être la meilleure de toutes les raisons avancées contre les paniers : « Il y a dans cette mode beaucoup d'incommodités, de l'aveu même de celles qui en sont le plus entichées; elle est gênante pour soi et pour les autres. » Les femmes laissèrent dire l'oratorien.

Le *Journal de Verdun*, en octobre 1724, abondait dans le sens du Père Duguet : « Autrefois les mères prenaient un soin extrême de conserver à leurs filles une taille fine et déliée ; présentement, les vertugadins d'Espagne et d'Italie se sont introduits en France sous le nom de *paniers ;* c'est une mode venue au secours de la fausse pudeur. » Les femmes laissèrent dire le *Journal de Verdun.*

Entre les jésuites et les jansénistes, plusieurs cas de conscience furent proposés, au sujet des paniers. Un membre de la compagnie de Jésus publia l'*Entretien d'une femme de qualité avec son directeur sur les paniers.* Ce petit livre date de 1737 ; il est rare et curieux.

En 1727 avait paru un écrit anonyme intitulé : *Satire sur les cerceaux, paniers, criardes et manteaux volants des femmes, et sur leurs autres ajustements.* L'auteur accentuait sa haine des cages à poulets et des toilettes tapageuses, comme nous disons aujourd'hui.

Dans l'*Indignité et Extravagance des paniers pour des femmes sensées et chrétiennes*, opuscule in-12, publié à Paris en 1735, nous lisons :

« Mais je voudrais bien savoir, mesdames, de quel génie vous êtes poussées, et pour qui vous nous prenez, voulant, dans un état si grossier et si déplorable, passer à nos yeux et dans l'esprit du monde chrétien pour spirituelles et dévotes, chargées comme vous êtes de la misère d'un immense et superbe panier qui tient à la ronde au moins la place de six personnes ; cause funeste de l'embarras que vous donnez dans vos passages, prenant votre panier à deux mains et faisant voir un cercle de bois sous une jupe arrogante et fastueuse...

« N'est-ce pas aussi ce fameux panier qui fait gémir et fend à pleines voiles le carrosse où vous êtes traînées, où le noble cercle de bois pris à deux mains se déclare et paraît en évidence sous une parure qui fait le scandale de l'Eglise, la risée éclatante du monde universel, et qui brave par un faste audacieux la magnificence de nos saints autels ? »

Soit qu'on se moquât d'elles, soit qu'on leur parlât raison ou que l'on fît intervenir les lois de la discipline religieuse dans le débat, les Françaises de Paris et de la province ne changeaient rien à

leur manière de se vêtir. Elles se riaient même de Voltaire,
écrivant :

> Après dîner, l'indolente Glycère
> Sort pour sortir, sans avoir rien à faire.
> On a conduit son insipidité
> Au fond d'un char où, montant de côté,
> Son corps pressé gémit sous les barrières
> D'un lourd panier qui flotte aux deux portières.

La vogue des paniers était devenue telle, que le commerce
hollandais en ressentait l'influence. Au mois de juin 1722, les
états généraux des Pays-Bas autorisèrent l'emprunt de six cent
mille florins, destinés « à soutenir la compagnie formée dans l'Ost-
Frise pour la pêche de la baleine, dont le commerce s'étendait chaque jour davantage par la consommation extraordinaire de fanons
ou côtes de baleine employées pour les cerceaux des femmes. »

Voilà ce qui était résulté de polémiques nombreuses. La question des paniers préoccupait l'Europe.

Le *Journal de Barbier* remarqua : « On ne croirait jamais que le
cardinal de Noailles a été embarrassé par rapport aux paniers
que les femmes portent sous leurs jupes pour les rendre larges et
évasées. Ils sont si amples, qu'en s'asseyant cela pousse les baleines
et fait un écart étonnant, en sorte qu'on a été obligé de faire des
fauteuils exprès. Il ne peut pas tenir plus de trois femmes dans de
grandes loges de spectacle. Cette mode est devenue extravagante
comme tout ce qui est extrême ; de manière que, les princesses
étant assises à côté de la reine, leurs jupes qui remontaient
cachaient celles de Sa Majesté. Cela a paru impertinent ; mais le
remède était difficile, et, à force d'y rêver, le cardinal a trouvé
qu'il y aurait toujours un fauteuil vide de chaque côté de la reine,
ce qui l'empêcherait d'être incommodée. »

Mlles Clairon et Hus, de la Comédie française, quittèrent à la
scène « la malencontreuse machine appelée *panier* ». Vers le même
temps parut un petit livre, *les Paniers supprimés au théâtre*, et
quelques femmes de la haute société suivirent l'exemple que leur
donnaient les deux célèbres comédiennes.

Mlles Clairon et Hus avaient eu plus d'influence que les prédicateurs, que les pamphlétaires et les gazetiers.

Par haine des paniers, un satirique faisait l'éloge du corset :

> Est-il rien plus beau qu'un corset,
> Qui naturellement figure,
> Et qui montre comme on est fait
> Dans le moule de la nature ?

Alors les femmes adoptèrent des corsages de robes étroitement unis à la ceinture et munis de busces capables de meurtrir la poitrine des élégantes qui s'en servaient. Une ouverture simulée des jupes, mais réelle au corsage échancré d'une manière outrée, laissait voir la chemisette.

Bientôt, de même qu'en 1694, les manches sont plates et garnies de volants. Le style de la robe est vraiment nouveau, car il se compose de petits bouquets imprimés ou brochés sur fond de soie, de marceline ou de satin. Les bras sont garantis de l'air trop vif par le plus mignon des manchons.

En fait d'accessoires, signalons encore le collier ; le sac ou « réticule », qu'on ne cesse d'appeler « ridicule » ; la « poupotte » ou poche en crin que les bourgeoises attachaient sur leur robe. Ajoutons la « poudre » aux cheveux relevés en buisson et maintenus par une mentonnière de soie ; les manches en taffetas noir ; le blanc et le rouge de fard, que bien des femmes s'appliquaient en couches si épaisses, que leur visage en était tout encroûté. Une dame de qualité se fût perdue dans l'opinion, si elle eût paru au milieu des promenades sans ses mouches et son rouge.

Toutes les femmes élégantes possédaient leur boîte à mouches, dont le couvercle était garni d'un miroir à l'intérieur.

Au coin de l'œil se plaçait la « passionnée » ; au milieu de la joue, la « galante » ; sur un bouton, la « recéleuse » ; sur le nez, l'« effrontée » ; sur les lèvres, la « coquette ». Une mouche ronde était l'« assassine ».

Les mouches, fort employées, devinrent aussi matière à cri-

tiques. Massillon fit un sermon où il anathématisait les mouches.
Ce sermon produisit un effet inattendu : on multiplia les mouches,
qui prirent le nom de «mouches de Massillon». La mode ne res-
pectait rien ; elle triomphait des oppositions de toutes les sortes.

D'après l'avis général, les mouches avaient le don de rajeunir.
Mme de Genlis dit un jour à un homme de lettres, qu'elle admettait à l'honneur de lui voir appliquer deux ou trois mouches sur
ses joues et à son menton :

— Eh bien ! qu'en dites-vous? Ne me prendriez-vous pas pour
une jeune personne de vingt ans?

Grande était la besogne des «filles de mode», comme on appelait les modistes au dix-huitième siècle. Habiller des pieds à la
tête une dame de qualité, cela constituait un long travail.

Dans *la Mode*, comédie en trois actes, Mme de Staal fait dire à
une marquise :

« Il n'y a qu'à voir en détail comment se passent nos journées.
Le matin, quelle discussion avec les ouvriers, les marchands pour
le choix des parures ! Quels soins pour avoir ce qu'il y a de plus
nouveau, de meilleur goût, et pour n'être pas prévenue sur une
mode !... Après vient l'excessif travail d'une toilette faite avec
toute l'attention que demande la nécessité de se bien mettre... »

Quelques modes éphémères furent importées en France par la
Polonaise Marie Leczinska, femme de Louis XV.

La vogue s'attacha aux «hongrelines», aux robes à la «polonaise» ou à la «hongroise», que garnissaient des «brandebourgs».
En 1729, par suite, on vit des mantilles de velours, de satin doublé
d'hermine, de fourrure quelconque. Les deux pointes de ces mantilles, terminées par des glands de passementerie, étaient nouées
sur la taille. La «palatine» avait trouvé des compatriotes.

La poudre garda sa splendeur pendant plus d'un demi-siècle.
Nous la revoyons dans la toilette de 1760 et dans celle de 1780.
Elle traverse même la Révolution, pour arriver jusqu'au Direc-
toire, en 1795.

Aussi n'est-il plus besoin d'en parler avec détails. La femme
de 1760 est poudrée, mais ses cheveux sont arrangés à la chinoise

et surmontés d'une petite pointe en soie de couleur. Elle a un
« peignoir » pour unique vêtement, sans ajustement de la taille
et noué par devant avec des rosettes de rubans. Autour du cou
règne une ruche de même étoffe que la robe ; les manches, absolument descendantes sur les poignets, s'élargissent au bas, et,
comme celles du costume de nos avocats, elles se relèvent à volonté, ou bien elles sont disposées en forme de parements.

La simplicité des robes de femme, à l'époque où nous sommes
parvenus, semble être le contraste des précédentes ; elle s'har-
monise un peu avec le sérieux qui apparaît dans la société du
temps de Louis XVI.

Nous touchons à une transformation du costume. Chez les dames
de la noblesse ou de la haute bourgeoisie, nous allons rencontrer
les modes les plus excentriques, les plus brillantes encore, sans
que les moyennes classes suivent ces fantaisies trop coûteuses,
que les hôtes de Versailles et de Trianon se permettent, grâce à
leurs immenses fortunes et à leurs prodigalités sans nombre.

Avec le dix-huitième siècle doit finir le règne de la dentelle,
car Louis XVI aime peu les broderies et les parures.

Louis XVI

HISTOIRE DE LA MODE

Louis XVI

CHAPITRE XVIII

RÈGNE DE LOUIS XVI

1774 à 1780

Influence de Marie-Antoinette sur les modes. — Mlle Bertin. — Variétés de coiffures. — Pouf. — Note du *Journal de Paris*. — Règne de Louis XVI. — Les panaches. — Coiffures basses. — La robe puce de la reine; nuances de robes. — Oberkampf et les indiennes de Jouy. — Satins recherchés. — Importance et multiplicité des garnitures. — Quelques sortes de souliers. — L'« archiduchesse »; rubans. — Une toilette d'Opéra.

Louis XVI règne et la belle Marie-Antoinette tient sa cour. Celle-ci, n'ayant encore que le titre de Dauphine, avait déjà donné le ton à la mode.

Elle avait inventé la coiffure hérisson. Figurez-vous l'animal de ce nom couché sur le haut d'une tête, c'est-à-dire une touffe de cheveux confusément frisés par leurs pointes, mais fort élevés et sans poudre, le tout soutenu par un ruban qui tranchait circulairement, et qui soutenait avec élégance cet horrible fouillis.

Marie-Antoinette avait imaginé successivement les coiffures jardin, à l'anglaise, montagne, parterre, forêt, et partout, aux cercles et dans les jardins publics, on rencontrait les merveilles de Léonard, « académicien de coiffures et de modes », et de Mlle Bertin, ministre de la toilette, qui plus tard dit un jour :

« Dans mon dernier travail avec la reine, nous avons arrêté que les bonnets les plus modernes ne paraîtraient pas avant une semaine. »

Quelles façons de parler magistrales! Turgot ou Necker n'eussent pas affiché plus de sérieux.

Dans la coiffure à la « Dauphine », on relevait les cheveux roulés en boucles et descendant sur la nuque ; celle qu'on appelait à la « monte-au-ciel » avait des dimensions énormes ; enfin, celles dites « d'apparat » ou « loges d'Opéra », qui datent de 1772, avaient jusqu'à soixante-douze pouces de hauteur, par conséquent beaucoup plus d'un mètre et demi.

La comète de 1773 donna naissance aux coiffures à la « comète », dont les rubans couleur de feu attiraient les regards ; en 1774, celle de la « quésaco » comprenait un faisceau de plumes flottant derrière la tête. A la cour, plus spécialement, le « pouf au senti-ment » florissait, amas d'ornements divers attachés dans les touffes de la chevelure. C'étaient des oiseaux, des papillons, des Amours en carton, des branches d'arbre, même des légumes. La mère de Louis-Philippe Ier porta un « pouf » sur lequel chacun pouvait admirer le duc de Beaujolais, son fils aîné, dans les bras de sa nourrice, un perroquet qui becquetait une cerise, un petit nègre et des dessins patiemment composés avec les cheveux des ducs d'Orléans, de Chartres et de Penthièvre.

La coiffure à la « Belle-Poule » se composait d'un vaisseau aux voiles déployées, se balançant au milieu de boucles épaisses. Dans le *Jeu des costumes et des coiffures des Dames*, imitation du jeu de l'oie, la « belle-poule » se trouvait au numéro 63, au point gagnant.

Coiffer était un art très-difficile, demandant un long travail. Aussi les femmes de province avaient-elles des coiffeuses à l'année, demeurant dans leur maison. Si l'on célébrait une grande solennité de famille, la coiffeuse travaillait presque toute la journée.

Pour montrer jusqu'à quel point les détails de la coiffure étaient importants, citons le numéro du *Journal de Paris* paru le 10 février 1777, et auquel le directeur annexa par extraordinaire une gravure accompagnée de la note suivante :

« Nous joignons à la feuille de ce jour une gravure qui repré-sente deux coiffures différentes, vues de profil et par derrière : elles sont « dessinées d'après nature » par un artiste habile, qui a bien voulu se prêter à nos intentions. Les numéros 1 et 2 indiquent l'une des coiffures ; les numéros 3 et 4 indiquent l'autre.

« Si cet essai peut flatter les femmes que nous comptons au nombre de nos souscripteurs, nous renouvellerons avec plaisir une dépense qui prouvera notre zèle. »

Aucune intention critique ne s'attachait à la publication de ces dessins. Le *Journal de Paris*, feuille sérieuse, indiquait des coiffures « modérées », si l'on peut s'exprimer ainsi, des coiffures hautes sans excès, poudrées, et que les bourgeoises pouvaient porter sans qu'on les regardât comme des femmes excentriques.

Outre les coiffures dont nous venons de parler, il y eut — de 1774 à 1789 — les grecques à boucles badines, l'oiseau royal, le chien couchant, les parterres galants, les calèches retroussées et tant d'autres, qui exigeraient des volumes pour les décrire.

Devenue reine de France, Marie-Antoinette ne cessa pas de commander à la foule des élégantes. Nous ne pouvons nous étonner que l'esprit de courtisanerie s'en soit mêlé. Pour fêter l'avénement de Louis XVI au trône, on imagina les chapeaux « aux délices du siècle d'Auguste », et les couleurs « cheveux de la reine », qui étaient d'un joli blond cendré.

Marie-Antoinette exagéra l'usage des panaches. S'il en fallait croire Soulavie, qui a écrit des mémoires sur l'époque, « quand Marie-Antoinette passait dans la galerie de Versailles, on n'y voyait plus qu'une forêt de plumes élevées d'un pied et demi et jouant librement au-dessus des têtes. Mesdames tantes, qui ne pouvaient se résoudre à prendre ces modes extravagantes, ni à se modeler chaque jour sur la reine, appelaient ses plumes un « ornement de cheveux ».

Cependant la plus grande partie des dames de la cour firent comme la reine.

On garnit de plumes les bonnets parés et les chapeaux avec une telle extravagance, que les carrosses ne se trouvèrent plus assez élevés pour les belles dames empanachées. Il fallait s'y tenir à genoux ou faire baisser les siéges. Mais les paniers débordaient par les portières. Cette ressource devenait impossible.

« C'était, dit une dame de la cour, un très-beau coup d'œil, dans la galerie de Versailles, que cette forêt de plumes qui ondoyaient au moindre souffle d'air. A la variété de leurs couleurs, on eût dit un parterre ambulant caressé de quelques zéphyrs. »

Une opposition se forma. Selon Mme Campan, « les mères et les maris murmurèrent, et le bruit général était que la reine ruinerait toutes les dames françaises. » Mais les mécontentes critiquèrent en vain. La mode, comme cela arrivait d'ordinaire, l'emporta sur leur raisonnement. Quelques plumes étaient payées jusqu'à cinquante louis (1250 francs) la pièce.

En général, les belles dames prirent pour lois les moindres caprices de Marie-Antoinette. Lorsque sa remarquable chevelure cendrée, dont la teinte était universellement admirée, fut immolée par le ciseau à la suite d'une couche, et lorsqu'elle eut adopté les coiffures basses, la « coiffure à l'enfant » devint en possession de la vogue. Personne ne s'avisa d'y trouver à redire.

Au commencement de l'été 1775, la reine parut avec une robe d'un brun marron lustré devant le roi, qui lui dit en riant :

— Cette couleur puce vous sied à ravir.

Le lendemain, toutes les dames de la cour avaient la robe puce.

Comme ladite couleur n'était pas trop salissante et constituait, par conséquent, une toilette moins luxueuse que celle des couleurs claires, la mode des robes puce gagna la bourgeoisie, et les teinturiers ne purent suffire aux demandes pressantes de leurs clientes.

Sous Louis XVI, on adopta successivement ou concurremment les nuances puce, dos de puce, larmes indiscrètes, boue de Paris, carmélite, entraves de procureur, entrailles de petit clerc, etc., toutes couleurs modestes et formant des toilettes simples.

Pendant plusieurs années de ce règne, la cour de Versailles n'avait point encore entendu prononcer le nom d'Oberkampf, lorsqu'un hasard singulier vint l'y faire retentir. Une grande dame avait vu se déchirer une robe de perse dont l'éclat avait fixé les regards jaloux de toutes les belles princesses. Elle accourut à Jouy, où était la manufacture de toiles peintes, et elle demanda à Oberkampf le secours de tous les secrets de son art. Il réussit, et bientôt il ne fut bruit que de ce prodige. On ne voulait plus à Versailles que des indiennes de Jouy.

Depuis, l'indienne sert toujours à vêtir les femmes du peuple,
les roturières. Au moment où nous écrivons, elle ne se porte
presque plus.

Les femmes aimèrent les robes garnies de la même étoffe : le
satin « paille à boyau » fut principalement fort en vogue. La couturière les garnit de différentes manières, soit en gaze, soit en dentelle ou en fourrure. Il y avait cent cinquante espèces de garnitures, outre les satins brochés et peints, qui étaient appelés chacun
d'un nom particulier.

Les satins extrêmement recherchés avaient la couleur de « soupir étouffé »; ou bien ils étaient « vert de pomme », rayés de blanc,
et on les nommait « vive-bergère ».

Lisez les appellations de quelques garnitures. Vous trouvez : les
plaintes indiscrètes, la grande réputation, l'insensible, le désir
marqué, la préférence, les vapeurs, le doux sourire, l'agitation, les
regrets, la composition honnête, et bien d'autres qualifications,
qui font souvenir des Précieuses réunies dans l'hôtel de Rambouillet.

Assez ordinairement, les paniers étaient petits, mais épais par
le haut. Les souliers, constamment couleur cheveux de la reine ou
couleur puce, étaient brodés en diamants. Les pieds des dames
pouvaient être comparés à des écrins. Les gens du métier donnaient
le nom de « venez-y-voir » à des souliers étroits et longs, dont la
raie de derrière se faisait remarquer par une garniture d'émeraudes.

Derrière leurs épaules, les femmes disposaient gracieusement
une machine de dentelle, de gaze ou de blonde, fort plissée, dite
« archiduchesse », ou « Médicis », ou « Henri IV », ou « collet
monté ».

Quant aux rubans, les plus élégants s'appelaient « attention »,
« marque d'espoir », « œil abattu », « soupir de Vénus », « un
instant », « une conviction ». Encore une fois, il semble qu'on soit
revenu au temps des Précieuses.

Un soir entra à l'Opéra une dame dont l'arrivée fit sensation.
Elle avait une robe « soupir étouffé », ornée de « regrets superflus »,
avec un point au milieu de « candeur parfaite », une « attention

marquée », des souliers « cheveux de la reine » brodés en diamants
« en coups perfides », et le « venez-y-voir » en émeraudes ; frisée
en « sentiments soutenus », avec un bonnet de « conquête assurée »,
garni de plumes volages, avec des rubans d'« œil abattu », ayant
un « chat », c'est-à-dire une palatine de duvet de cygne sur les
épaules couleur de « gens nouvellement arrivés », derrière une
« Médicis » montée en « bienséance », avec un « désespoir »
d'opales et un manchon d'« agitation momentanée ».

Depuis, combien de toilettes à fracas se sont montrées dans la
salle de l'Opéra, et ont ému les belles spectatrices !

CHAPITRE XIX

RÈGNE DE LOUIS XVI

(SUITE)

1780 à 1789

La paysannerie est partout. — Modes « à la Marlborough ». — Usage des bonnets. — Chapeaux. — Chapeaux de paille d'Italie. — Dix-sept changements de formes en deux ans. — Robes avec ruches. — Corsages décolletés; *postiches*. — Le costume de Contat-Suzanne. — Modes « à la Figaro ». — Agitation littéraire ou politique par les toilettes; pouf de la princesse de Monaco. — Pouf « à la circonstance »; pouf « à l'inoculation ». — Costume « à la harpie ». — Redingotes, cravates et gilets. — Vestes à la marinière et pierrots. — Déshabillés; « fichu menteur ». — L'étiquette dans les modes. — Toilettes de saison.

L'idéal de la mode en 1780, c'est la paysannerie. Les duchesses, qui jouent à la laitière dans le parc de Trianon, adorent les choses du village et s'avisent de vouloir ressembler à des bergères. Aux diamants près, elles veulent jouer les rôles de Ninette. Le chevalier de Florian commence à écrire et à se faire une réputation dans le genre pastoral, qui plaît aux dames de l'époque.

Que de magnificence, d'ailleurs, dans l'humilité des formes! L'usage des bonnets-chapeaux a prévalu. Les habituées de la cour l'ont adopté, en l'accompagnant de fleurs, de rubans et de plumes; elles ont sur la tête un gracieux, un délicat monument, tout à fait printanier.

Et le caprice de Marie-Antoinette n'a pas cessé de dominer. Tout à coup la reine se met à chanter l'air de *Marlborough...* Vite, les dames françaises commencent de se vêtir « à la Marlborough », comme elles chantent du matin au soir l'air favori de

Sa Majesté. Mlle Rose Bertin envoie en Angleterre des ajustements « à la Marlborough ».

Bachaumont nous a rapporté le fait : « Depuis la chanson, écrit-il, Marlborough est devenu le héros de toutes les modes ; tout se fait aujourd'hui « à la Marlborough ». Il y a des rubans, des coiffures, des gilets, mais surtout des chapeaux « à la Marlborough », et l'on voit toutes les dames aller dans les rues, aux promenades, aux spectacles, affublées de ce grotesque couvre-chef, sous lequel elles se plaisent à enterrer leurs charmes, tant la nouveauté a d'empire sur elles. »

Quatre années plus tard, les Françaises abandonnent ces bonnets pour les chapeaux de paille importés d'Italie, et aussitôt préférés à tout par les Françaises, qui les garderont pendant près d'un siècle. Le chapeau, à peine naturalisé chez nous, revêt les formes les plus variées et se complète par les ornements les plus charmants et les plus bizarres.

Telle modiste donne à ses chapeaux un fond perpendiculaire, perdu dans des flots de rubans ; telle autre leur adapte une passe énorme roulée en entonnoir, surchargée de plumes ou de fleurs.

On a calculé que, dans l'espace de deux ans, de 1784 à 1786, les chapeaux de femmes ont changé dix-sept fois de forme. Il y en eut qu'on appela « chapeaux-bonnettes », parce que leur forme bouffante ressemblait à un bonnet. Il y en eut de tellement grands qu'ils couvraient toute la personne, comme un parasol. Il y en eut même de satiriques : quelques dames portèrent des chapeaux de gaze noire, dits « à la caisse d'escompte », parce qu'ils étaient *sans fond :* allusion à l'état misérable du trésor public ; la Caisse d'escompte venait de suspendre ses payements.

Les robes, de soie ou d'étoffe unie, ne cessèrent pas d'être ouvertes par le devant, et d'avoir une sous-jupe de couleur autre que celle de dessus en général, bien que, dans les toilettes moins élégantes, les robes de dessus et de dessous fussent de couleur semblable.

Les passementeries avaient fait place aux ruches de mousseline ou de dentelle, arrêtées au bord du vêtement et fixées comme des volants. Manches plates et courtes, toujours ; éventail et bracelets ; collier de perles ; parfois montre au côté, et, aux oreilles, d'énormes boucles « à la créole », qu'on vit paraître pour la première fois dans *Mirza,* ballet de Gardel. Les robes, assez longues, ne laissaient que peu voir un bas blanc bien tiré, recouvert au pied par un soulier de satin à boucles.

Rappelons-nous ici le calembour que le marquis de Bièvre fit devant Marie-Antoinette :

— Madame, lui dit-il, « l'uni vert » (l'univers) est à vos pieds.

En compensation de la longueur du bas des robes, les corsages étaient si décolletés qu'ils laissaient voir en partie les épaules. On ne faisait plus de paniers, avantageusement remplacés par des « postiches », qui ne tardèrent pas à devenir si outrés, que les tournures des femmes firent ressembler celles-ci, même jeunes et délicates, à des tours couvertes de soie, de dentelle, de rubans et de fleurs. Brillantes en leur mise, les marquises adoptaient les pelisses de satin blanc, rose, bleu céleste, garnies d'hermine ou de marte, avec un manchon pour l'hiver.

Quelquefois, dans un accès de simplicité, elles se contentaient d'un chapeau de soie, d'un élégant caraco, ou d'un mantelet de satin bordé d'une large dentelle.

Quelquefois aussi les dames faisaient de l'agitation littéraire ou de la politique dans leurs toilettes.

Après l'immense succès du *Mariage de Figaro,* il y eut un changement dans la mode. Mlle Émilie Contat, qui jouait le rôle de Suzanne, mit à l'ordre du jour le costume sous lequel elle avait obtenu un triomphe. Durant toute l'année, les dames adoptèrent « le déshabillé à la Suzanne » ; plus, les cheveux « à la Chérubin », les robes « à la comtesse », les bonnets et chapeaux « à la Figaro ».

Après la représentation de *la Brouette du Vinaigrier,* par Mercier, on vit des bonnets « à la brouette ». *La Caravane,* de Grétry, amena les bonnets « à la caravane ». *La Veuve du Malabar,* tragédie en cinq actes de Lemierre, eut un tel succès qu'on imagina des bonnets étranges, dits « à la veuve du Malabar ».

Un jour, Louis XVI s'avisa de défendre à la cour en corps de monter dans les carrosses pour suivre la chasse royale. Afin d'être plus libre, il ne voulait admettre que les vrais chasseurs. La haute noblesse se récria aussitôt, et la princesse de Monaco critiqua la décision au moyen de son pouf, sur lequel s'élevait, en miniature, un carrosse du roi fermé avec des cadenas, et deux gentilshommes à pied suivant la chasse en guêtres.

A la gauche du « pouf à la circonstance », pour l'avénement de Louis XVI, se voyait un grand cyprès garni de soucis noirs, au pied duquel serpentait un crêpe disposé de manière à figurer de grosses racines ; à droite, il y avait une belle gerbe de blé couchée sur une corne d'abondance qui laissait s'échapper des figues, des raisins, des melons imités avec des plumes.

A propos de l'inoculation pour la petite vérole, Mlle Bertin imagina le « pouf à l'inoculation » — un soleil levant, un olivier chargé de fruits, autour duquel s'enlaçait un serpent qui soutenait une massue entourée de guirlandes de fleurs. Le serpent représentait la Médecine ; la massue, l'Art dont elle s'était servie pour terrasser le monstre variolique. Le soleil levant était l'emblème du jeune roi, vers qui se tournaient les espérances des monarchistes. L'olivier était le symbole de la paix et de la douceur qui résultaient de l'opération heureuse à laquelle les princes se soumirent.

La mode des caracos à l'« innocence reconnue » honora, en 1786, Marie-Françoise Victor Salmon, acquittée en juin d'une accusation d'empoisonnement. Son défenseur s'appelait Cauchois. Ces caracos furent aussi dits « à la cauchoise ».

Dans le catalogue des mises excentriques de 1783 et de 1784, figure le costume « à la harpie », provenant d'une notice publiée sur la découverte, au Chili, d'un monstre ayant deux cornes, des ailes de chauve-souris, des cheveux et une figure humaine, mangeant par jour un bœuf ou quatre cochons. Un chansonnier écrivit alors contre cette mode :

> A la harpie on va tout faire,
> Rubans, lévites et bonnets ;
> Mesdames, votre goût s'éclaire :

Vous quittez les colifichets
Pour des habits de caractère.

Mais un anonyme répondit galamment :

La harpie est un mauvais choix ;
Passons sur ce léger caprice ;
Mais dans les modes quelquefois
Le sexe se rend mieux justice,
En suivant de plus dignes lois.
Mesdames, j'ai vu sur vos têtes
Les attributs de nos guerriers ;
On peut bien porter des lauriers,
Quand on fait comme eux des conquêtes.

L'épigramme n'amortit pas le goût « éclairé » des dames, qui continuèrent à se vêtir à la harpie, jusqu'à ce qu'une nouvelle étrangeté prît le dessus. Ainsi, par exemple, les femmes françaises imitèrent les Anglaises, qui avaient introduit la mode suivie par les hommes dans le costume féminin.

Au milieu de nos promenades publiques on vit des robes en redingote, avec revers, parements, double collet et boutons de métal ; on vit des élégantes affublées de la cravate, du jabot, du gilet, et de deux montres avec breloques. Telle coquette avait le chapeau d'homme sur la tête et la canne à la main.

D'après les mêmes idées, importées d'outre-Manche, les femmes s'habillèrent de « vestes à la marinière » et de « pierrots ». Le nom de « pierrots » était donné à de petits justaucorps décolletés et fermés sur la poitrine, très-ouverts par le bas, avec manches plates à parements et longues basques, garnies de boutons.

Dans un genre encore plus excentrique, on porta des robes à la circassienne, avec fichu en chemise ou canezou, et des déshabillés en caraco, échancrés de façon à laisser parfaitement voir le creux de l'estomac, malgré le vaste fichu de linon qui s'avançait outre mesure, et que les mauvais plaisants appelèrent « fichu menteur ».

Les robes à l'anglaise et à la circassienne étaient pour les toilettes de cérémonie ; les redingotes, pierrots et caracos ne constituaient qu'une demi-toilette.

Citons aussi, en fait d'excentricités, les modes à la Montgolfier, après l'invention des ballons; les « fourreaux à l'Agnès » et les chemises « à la Jésus ».

La distinction entre les toilettes habillées et les négligés était toujours rigoureusement observée. Aussi, avant d'aller plus loin, remarquons que, depuis le règne de Louis XIV jusqu'à la Révolution française, l'étiquette régla tout dans les modes de femmes comme dans le costume des hommes. Et par « étiquette » nous n'entendons pas seulement le code des courtisans, nous voulons parler en outre de l'usage généralement reconnu.

Les étoffes étaient classées par saison. L'hiver, on ne se départissait pas des velours, des satins, des ratines et des draps. Après les fêtes de Longchamp, considérées comme les assises de la mode, le point d'Angleterre paraissait sur les toilettes. C'était durant l'été que régnaient les malines. Pour le printemps et pour l'automne, saisons intermédiaires, ou demi-saisons, comme nous disons aujourd'hui, on prenait les draps légers, les camelots, les velours légers, les soies moins fortes que le satin.

Une fois la Toussaint venue, les fourrures étaient sorties de leurs cartons conservateurs; aussitôt qu'arrivait la quinzaine de Pâques, les manchons étaient abandonnés par la plupart des dames.

Pour entrer dans le jardin des Tuileries, il fallait faire toilette complète.

A la cour, lorsqu'une dame avait atteint son huitième lustre, c'est-à-dire, pour parler plus prosaïquement, la quarantaine, elle devait avoir une coiffe en dentelle noire qui, passant sous son bonnet, venait se nouer sous le menton.

CHAPITRE XX

RÉPUBLIQUE FRANÇAISE

1789 à 1804

Année 1789. — Costume masculin. — Les deux robes s'en vont. — Bonnets « à la grande
prêtresse », « à la pierrot », « à la laitière ».— Le chapeau pouf.— Plus de poudre ni de
fard. — Prophétie du *Cabinet des modes*. — Bonnet « à la Charlotte Corday ». — Actualités successives. — Bijoux « à la Bastille ». — Médaillon de Mme de Genlis. —
Bonnet « à la Bastille ». — Uniformes de fédérées. — Prétention à l'égalité des toilettes. — Réaction sous le Directoire. — Les incroyables et les merveilleuses. —
Coiffures « à la victime » et « à la Titus ». — *Lequel est le plus ridicule ?* — Costume
de Mme Tallien.— Epigramme contre les chapeaux « à la folie ». — Robes transparentes.

Le temps a marché. L'année 1789 est venue. Adieu, pour quelque
temps du moins, le règne de la fantaisie légère. Adieu les berge-
ries et les paysanneries! La mode va se simplifier à mesure que
les événements surviendront.

A présent les femmes sont sérieuses autant que leurs maris
sont politiques. Elles courent aux Champs-Elysées sous le costume
d'amazones, avec redingote et chapeau noir, avec canne ou cra-
vache, liant leurs cheveux en « cadogan », ayant les montres aux
côtés et affectant de faire sonner leurs breloques. Elles façonnent
leurs chapeaux en « casques ».

Voilà pour les plus audacieuses. Celles qui ne vont pas jusqu'à
l'adoption du costume masculin, se donnent des airs de matrones
en portant des robes longues et traînantes, de couleur demi-claire,
en étoffe de soie ou de fantaisie.

Les unes et les autres ont le corsage très-haut, presque point de
taille, mais la poitrine assez découverte, quand elle n'est pas cachée,
soit par un « fichu » de gaze, soit par un long « châle-écharpe ».

10

à ornements imprimés, passementés ou brochés. Les deux robes, de dessus et de dessous, si fort en usage dans la seconde moitié du dix-septième siècle et dans la première moitié du dix-huitième, sont tout à fait passées de mode, et ont fait place à un vêtement unique. Tantôt les bras demeurent complétement nus, sauf une sorte de bourrelet qui les entoure près de l'épaule; tantôt ils sont, depuis le haut jusqu'au poignet, enfermés dans des manches plates.

Les femmes se coiffent quelquefois avec un bonnet, c'est-à-dire avec une « calotte » de velours ou de soie, garnie de dentelle et surmontée, au-dessus du front, d'un gracieux nœud de ruban; le bonnet est attaché sous le menton par un ruban encore de même couleur, et fermé par derrière, enfin, par une rosette pareille.

Les bonnets d'autrefois ne plaisent point maintenant. Quelques-uns néanmoins sont conservés : par exemple, le bonnet « à la grande prêtresse », confectionné avec de la gaze blanche et entouré d'un large ruban. Les femmes âgées ont gardé le bonnet « à la pierrot », où abondent les dentelles. Puis le bonnet « à la laitière », placé sur la partie postérieure de la tête, n'est pas encore délaissé.

Le plus souvent, les dames préfèrent le chapeau, le chapeau de paille surtout, rehaussé de rubans couleur « feu », qui laisse échapper de dessous sa coiffe une onduleuse chevelure. On en voit dont le chapeau est incroyablement surchargé d'accessoires et forme un trophée militaire ou un vaisseau ; c'est le « chapeau-pouf », qui trouve des admirateurs pendant plusieurs années.

Toutes se servent de l'éventail ou du mouchoir brodé, qu'elles tiennent de la main gauche. Quant à la poudre et au fard, elles n'en veulent plus mettre : la Révolution a opéré ce miracle. La poudre est inutile, le fard est ridicule.

De 1789 à 1795, quelle métamorphose dans l'aspect du beau sexe ! Le *Cabinet des modes* s'était écrié, à la date du 5 novembre 1790 : « Nos mœurs commencent à s'épurer, le luxe tombe. » Il avait prophétisé juste, mais seulement pour un temps bien court.

Les femmes se coiffèrent à leur guise, avec le bonnet « à la Char-lotte Corday », aujourd'hui si connu ; la plupart allèrent nu-tête, ou tout au moins pourvues d'une coiffure grecque, ou d'une « baigneuse » ornée d'une large cocarde tricolore et présentant un chignon retroussé. Les toilettes de luxe devinrent tout à fait rares. Aux robes de brocart et de soie, aux caracos de velours succédèrent les « déshabillés » en toile de Jouy de diverses couleurs, avec des fichus madras ou de petits mouchoirs rouges.

Seulement le caprice de la mode répondit à toutes les actualités du temps; la moindre chose qui frappait l'imagination des masses donnait lieu à tel ou tel accessoire de costume. Arrivait-il au Jardin des plantes un rhinocéros ou un éléphant, vite on confectionnait des bonnets « à l'éléphant », « au rhinocéros »!

Chose inimaginable! Une hirondelle étant tombée sur le Pont-Neuf, poursuivie par un émouchet, les élégantes imaginèrent la coiffure « à l'hirondelle », composée de deux petites ailes de gaze tendues par des ressorts d'acier, et qui, aux deux côtés de la tête, s'agitaient sous l'impression du vent le plus léger. Un Chinois parut dans la capitale; aussitôt la coiffure « à la chinoise » et les brodequins pointus firent fureur. La mode des « croissants » sur la tête dut enfin son origine à l'arrivée de l'ambassadeur turc à Paris.

Pour les bijoux aussi, l'actualité fut souveraine. Quand la Bastille fut prise, les femmes firent enchâsser des fragments de pierres de cette forteresse dans l'or et l'argent, de manière à former des colliers, des bracelets et des bagues. La célèbre Mme de Genlis porta à son cou un médaillon fait d'une pierre polie de la Bastille; au milieu était écrit en diamants : « Liberté »; au-dessus était marquée, en diamants encore, la planète qui brillait le 14 juillet; autour du médaillon, il y avait une guirlande de lauriers en émeraudes, attachée avec une cocarde nationale, formée de pierres précieuses aux trois couleurs de la nation.

Les modes « à la Bastille » eurent quelque durée. Le bonnet « à la Bastille », par exemple, représentait une tour garnie de deux rangs de créneaux en dentelle noire. Il existait des coiffes sur le devant desquelles on brodait en soie verte, au milieu de branches d'olivier, une bêche, une épée et une crosse, insignes du tiers état, de la noblesse et du clergé réunis en assemblée constituante. Puis les belles Françaises se couvrirent de bijoux « à la Constitution »,

qu'on appelait aussi « rocamboles ». Leurs boucles d'oreilles, dites
« constitutionnelles », furent en verre blanc jouant le cristal de
roche et portant écrit : « La Patrie ». Les femmes arborèrent fort
haut, du côté gauche, un très-gros bouquet « à la Nation », composé de fleurs tricolores et entremêlées d'une grande quantité de
myrte.

Une mise « à la Constitution » comprenait un bonnet demi-
casque de gaze noire, un fichu en chemise de linon, une ceinture
nacarat, une robe d'indienne très-fine, semée de petits bouquets
blancs, bleus et rouges.

Certes, voici bien de la politique !

L'année suivante, en 1790, la Fédération au Champ de Mars
motiva la création des « uniformes de fédérées » par une modiste
du Palais-Royal ; les tabletiers vendirent des éventails « à la fédération ». Bientôt les femmes, mêlées à la politique, se coiffèrent
« à la nation et aux charmes de la liberté », avec force plumes,
fleurs et rubans tricolores.

Nous pourrions multiplier les citations, car chaque événement
de la Révolution amena quelque parure nouvelle. Qu'il nous suffise
pourtant de constater que le fond des choses, à cette époque, était
la prétention à l'égalité des toilettes.

Toutes les classes se confondirent, de gré ou de force, par goût
ou par peur ; et bien des personnes riches affectèrent une extrême
simplicité de costume.

Il est facile de comprendre combien la mode dut s'en ressentir.
La Révolution avait proscrit, en quelque sorte, les robes de soie et
de mousseline blanches, qui rappelaient trop les habillements
de l'ancien régime. Le vêtement « à la républicaine » enveloppa
entièrement les femmes, prit leur taille avec une grâce parfaite il
se fermait avec des boutons. Une ceinture « à la romaine » se nouait
sur le côté. Somme toute, il était d'une tournure vraiment délicieuse. Les robes furent taillées dans les toiles de Jouy. Pourtant,
le « déshabillé à la démocrate » comportait un « pierrot » de petit
satin feuille-morte.

Rose Bertin avait cessé de régner en même temps que Marie-

Antoinette. Mais si personne ne remplaça la reine de France, une
femme se proposa pour remplacer la reine de la mode. Mme Rispal,
se faisant annoncer dans le *Journal de Paris*, « offrit aux dames
des robes pékin velouté et lacté, en rez de soie africain, en chi-
noises satinées ». De plus, elle confectionnait des caracos « à la
Nina », « à la sultane », « à la cavalière »; des robes rondes « à
la Persienne »; des chemises « à la prêtresse »; des ceintures « à
la Junon » et « à la renommée »; des robes « à la Psyché », « à la
ménagère », « à la Turque », en « lévites » et « au lever de Vénus ».

   C'étaient là des vêtements républicains, dont le prix n'approchait
point des habillements qui se vendaient pendant le dix-huitième
siècle.

   Mais la réaction politique fut suivie d'une réaction dans le costume. Sous le Directoire, après les jours de la Terreur, les femmes
tombèrent d'un excès dans l'autre ; elles se ruinèrent en dépenses
de luxe, en fleurs, en bijoux et en diamants.

   Sous ce rapport, l'année 1795 est une date mémorable. Les
modes du temps de Louis XV allaient-elles reparaître? Allait-on
revoir les talons rouges, les paniers, la poudre et les mouches? Non
pas précisément; mais le retour aux choses du passé se manifestait de mille manières, d'autant plus que le nombre des soirées, des
bals et des concerts était incalculable.

   L'imitation du costume classique, du costume des Grecs et des
Romains, enfanta les « incroyables » et les « merveilleuses », dont
les simples types ressemblent aujourd'hui pour nous à des caricatures, et nous donnent une idée de ce que l'excentricité de la
mode peut faire naître.

   Les « merveilleuses » — car nous n'avons pas à parler ici des
« incroyables » — étaient les exagérées de l'époque directoriale.
Toutefois, dans leur exagération se retrouvaient parfaitement les
éléments principaux de la mode au temps des Barras et des La
Réveillère-Lepeaux.

   Elles pratiquèrent l'« anglomanie ». « Tout ce qui n'est pas
atteint d'anglomanie, dit le *Messager des Dames* en 1797, est proclamé, par nos merveilleuses, d'un bourgeois qui effarouche, d'un

maussade à donner des vapeurs ». Ce qui explique ce goût, au moment où nous combattions contre les Anglais, c'est que les ouvrières de Mlle Rose Bertin avaient quitté la France pour élire domicile à Londres.

L'anglomanie des merveilleuses, d'ailleurs, pàlit bien vite devant une autre passion plus sérieuse, — celle de l'« anticomanie. »

Tout le monde désire se costumer dans le genre antique, et les peintres offrent des modèles aux femmes élégantes.

La coiffure est variée. Tantôt les cheveux sont coupés et bouclés, tantôt ils sont poudrés et relevés sur la tête, d'une façon qui rappelle un peu le règne de Louis XVI.

Les robes, à taille courte, à manches plates et longues ou à manches courtes, avec le bras nu ou couvert d'un long gant de peau, sont un peu traînantes. Des passementeries, surtout des grecques, les garnissent. A peine aperçoit-on le pied et le bas blanc de la « merveilleuse », qui aime les robes à la Flore et à la Diane, les tuniques à la Cérès et à la Minerve, les redingotes à la Galatée.

Sur le cou est posé un simple fichu ou un petit châle de cachemire uni.

Parfois le chapeau, en feutre, ressemblant un peu au chapeau d'homme, est garni de rubans couleur feu. Mais la « merveilleuse » la plus élégante préfère parfois une toque, enrubanée aussi, et ornée de deux aigrettes blanches, qui ne laissent pas de produire beaucoup d'effet.

« Quelle pêle-mêlée et quel muable engouement! remarquent les frères de Goncourt. Bonnet à la paysanne, bonnet à la Despaze, bonnet Pierrot, bonnet à la folle, coiffure à la Minette, bonnet à la Délie, bonnet à la frivole, bonnet à l'Esclavonne, bonnet à la Nelson! Là, un simple entoilage et une barbe de gaze modeste; ici, un turban relevé de cinq plumes bleues! De celui-là, la Despaux, ce « Michel-Ange des marchandes de modes », enveloppera le fond d'un fichu rose; pour cet autre, elle chiffonnera le crêpe lilas, où badinent deux rangs de perles, et le surmontera d'une rose et d'une pensée! — Et le chapeau! Chapeau à la Primerose, lié d'une fanchon négligente; chapeau-turban, chapeau rond à l'anglaise, chapeau à la glaneuse, chapeau-spencer et chapeau en castor, que Saulgeot baptise! Mme Saint-Aubin joue *Lisbeth?* Mlle Bertrand jette un gros bouquet de roses sur de la paille : c'est le chapeau à la Lisbeth. On lance à l'assemblée des électeurs normands le sobriquet d'échiquier de Normandie : voilà le chapeau « à damier ».

Citons encore les perruques à l'Aspasie, à la Vénus, à la Turque, les perruques grecques et romaines, les coiffures en artiste, dans le genre de la Sapho antique; les résilles de Doisy ; les diadèmes en maillons étincelants d'une triple chaîne d'or; les « cheveux baignés », c'est-à-dire vrais, avec un croissant de diamants.

Pour orner les étoffes, très-souvent les couturières emploient de petits morceaux d'une lame d'or, d'argent, de cuivre ou d'acier, mince, percée au milieu, ordinairement ronde, et qu'on nomme « paillette ». D'où la chanson :

> Paillette aux bonnets,
> Aux toquets,
> Aux petits corsets !
> Paillette
> Aux fins bandeaux,
> Aux grands chapeaux!
> Paillette
> Aux noirs colliers,
> Aux blancs souliers!
> Paillette,
> Paillette aux rubans,
> Aux turbans,
> On ne voit rien sans
> Paillette!

Tous les accessoires se rapportent à l'antique par certaines formes, notamment par celle de la chaussure — quand les femmes ne se contentent pas de mettre des anneaux d'or à leurs pieds. — C'est chose curieuse à noter. La chaussure se rapproche beaucoup de la sandale, ne couvrant qu'en partie le dessus du pied. Elle se compose d'une semelle légère rattachée à la jambe par des nœuds de rubans. Coppe fait de charmants cothurnes, d'un « coloris »,

d'une « fraîcheur », d'une « éloquence », d'une « poésie »inimaginable.

Certaines robes, dites « à l'Athénienne », étaient taillées dans
des étoffes diaphanes. On les fendait depuis les hanches jusqu'au
bas de la jupe, ou plutôt de la tunique. A la promenade, les robes
traînantes réussissaient. La fameuse Eulalie excellait à relever et
à passer dans la ceinture les queues amples des robes à l'Omphale.
Si quelqu'un prétendait que, des pieds à la tête, les femmes étaient
trop peu vêtues, celles-ci répondaient :

> Le diamant seul doit parer
> Des attraits que blesse la laine.

Leurs légers costumes les exposaient aux fluxions de poitrine,
a la mort. Elles bravaient tout pour obéir à la mode. Les anneaux
d'or qui brillaient aux doigts de leurs pieds ne les garantissaient
pas contre les premiers froids de l'hiver, et cependant elles restaient fidèles au système des nudités gazées. La mode des sans-
chemises dura une semaine.

Par suite de la dépréciation du papier-monnaie, on payait
soixante-quatre livres, en assignats, la façon de deux bonnets ;
cent livres, la gaze pour trois bonnets ; trois mille quatre cents
livres, deux douzaines de mouchoirs en percale ; mille quarante
livres, une robe de taffetas brun ; deux mille cinq cents livres, une
robe de batiste écrue bordée de soie.

C'était en 1795. Un an plus tard, on payait un mantelet de tarlatane brodée sept mille livres ; la façon d'un bonnet, trois cents
livres ; une robe et un éventail, vingt mille livres, et le taffetas
d'un mantelet, trois mille livres.

Ces prix invraisemblables augmentèrent encore, à mesure que
les assignats perdirent de leur valeur.

Les grandes faiseuses étaient : Nancy, pour échancrer les robes
à la Grecque ; Mᵐᵉ Raimbaut, pour confectionner les robes à la
Romaine. Une Parisienne avait besoin de trois cent soixante-cinq
coiffures, d'autant de paires de souliers, de six cents robes et de
douze chemises.

Au nombre des modes éphémères du Directoire, nous remarquons celle qui consistait à se faire coiffer « à la victime ». Alors les dames sacrifiaient leur chevelure : elles avaient les cheveux ras. Si elles adoptaient la coiffure dite « à la Titus », il leur fallait absolument harmoniser cette coiffure avec une toilette de même goût, avec le châle rouge et le collier rouge. Plusieurs dames se firent constamment coiffer « à la sacrifiée ».

Pendant la période qui s'écoula depuis 1799 jusqu'en 1801, les modes, il faut l'avouer, ne brillèrent point par la grâce. Aussi une caricature, devenue presque une pièce historique, parut sous le Consulat. Cette caricature représente un élégant et une élégante en 1789, en 1796 et en 1801.

Au bas, l'auteur se demande : « Lequel est le plus ridicule? »

Mais les femmes bravaient le qu'en-dira-t-on. Elles se moquaient des propos, des épigrammes et des caricatures.

Non-seulement on vit Mme Tallien faire fureur aux bals de Frascati avec une robe à l'Athénienne, portant comme jarretières deux cercles d'or, et des bagues aux doigts de ses pieds nus, marchant avec des sandales ; mais il y eut d'autres héroïnes de la mode, si l'on peut s'exprimer ainsi, adoptant le costume « à la sauvage », ou bien couvrant leurs épaules d'un châle sang de bœuf, étreignant leur taille dans un corset « à l'humanité », ou encore couvrant leur tête, soit d'un bonnet « à la Justice », soit d'un chapeau « à la folle ».

L'épigramme suivante fut lancée contre les chapeaux à la folle :

> De ces vilains bonnets, maman, quel est le prix ?
> — Dix francs. — Le nom ? — Des bonnets à la folle.
> Ah ! c'est bien singulier, interrompit Nicolle :
> Toutes nos dames en ont pris.

Telle coquette tenait à la main un sac brodé ; elle avait les cheveux hérissés comme la robe d'un porc-épic ; de son cou pendait une longue chaîne d'or supportant un médaillon énorme. Telle autre ne quittait pas les robes transparentes, et les cordons de sa chaussure s'enroulaient autour de sa jambe. Telle autre, enfin, adoptait un bonnet ressemblant parfaitement aux coiffes de nuit de son grand-père, le voile descendant jusques au-dessous de la ceinture, la tunique sur laquelle un « spencer » de taffetas puce tranchait extraordinairement.

En rencontrant les unes et les autres, on se demandait si ces dames étaient Grecques, Turques ou Françaises.

Les modes du Directoire subsistèrent pendant le commencement du Consulat, principalement en ce qui concernait les robes transparentes. Comme ajustements nouveaux, nous remarquons les « tuniques juives », en organdi ou en soie, couleur bleu de ciel, ou gros bleu, ou couleur de chair, ou rayé; les « capotes » d'organdi et les chapeaux de paille bordés de « chicorée ».

Plus de cheveux longs pour les femmes; toutes ont adopté la coiffure « à la Titus » en se couvrant la tête de postiches, de « cache-folies » ou de « tortillons ».

Empire
1804

Directoire
1795

HISTOIRE DE LA MODE

CHAPITRE XXI

RÈGNE DE NAPOLÉON Ier

1804 À 1814

Modes de l'Empire, — Robes sacs. — Personnes cossues. — Robes blanches. — La
« valenciennes ». — Toilettes de bal; toilettes de ville. — Toquet et chapeau « à la
Polonaise ». — Emploi des fleurs artificielles. — Venzel en fabrique ; Campenon
chante les « enfants de l'imposture ». — Les dames de Paris, d'après Horace Vernet.
— Le corset. — Le cachemire. — Protestation de Piis; ce que fit Ternaux pour cette
industrie. — Etoffes de coton ; importance des « rouenneries ». — La violette pendant les Cent-Jours.

L'Empire, proclamé en 1804, conserva la mode des tailles
hautes, et même il la développa d'une façon prodigieuse. Le beau
sexe adopta la robe sac, dont la ceinture se nouait à la hauteur
des aisselles et refoulait la gorge jusque sous le menton. C'était
assez disgracieux. Il fallait qu'une femme possédât la plus grande
beauté pour triompher d'un pareil costume.

On prodigua dans les toilettes les bijoux d'or, les pierreries et
les diamants. Les réceptions officielles abondaient. Aussi les toilettes furent-elles riches, magnifiques même. Par malheur, elles
devinrent surtout remarquables à cause du mauvais goût qui pré-
sida à leur confection. Il semblait qu'une Française eût atteint
l'apogée de la gloire, en fait de modes, lorsque les passants pouvaient dire :

— Voilà une personne cossue!

Vers la même époque, le tableau de *Psyché et l'Amour,* par Gé-
rard, mit en vogue la pâleur. Rien ne resta des anciens accom-
modements, notamment du fard. Le blanc devint d'un usage

mais aussi des chapeaux « à la Polonaise », dont la partie supérieure était fort peu gracieuse, parce qu'elle formait un carré. Les turbans de mousseline claire, brochés d'or, faisaient ressembler certaines femmes à des mamelucks. L'expédition d'Égypte avait laissé des traces parmi nous.

Le peintre Horace Vernet, bien jeune encore en 1813, a esquissé *les Dames de Paris* sous Napoléon Ier. Rien ne paraît plus ridicule que leur chapeau à plumes, que leurs manches serrées aux poignets, que les garnitures brodées de leurs robes. Et pourtant, le dessin d'Horace Vernet ne sort pas de la vérité.

La *Corinne* de Mme de Staël mit en goût les belles dames de 1807 et de 1808, prenant des poses inspirées, se croyant au cap de Misène, touchant de la harpe et couvrant leurs épaules d'une écharpe qui volait à tous les vents.

On a beaucoup critiqué les modes du temps de l'Empire ; on ne les a pas suffisamment critiquées, peut-être, sur un point grave, sur l'usage du « corset », qui se manifesta pendant l'hiver 1809-1810, et qui n'a pas disparu depuis, quelles qu'aient été les satires lancées contre cette partie du vêtement, qui enveloppe et serre trop exactement la taille.

En compensation du corset, l'Empire nous gratifia du cachemire, dont l'importation en France date de notre expédition en Egypte (1798-1802).

Comme tout se tient ici-bas ! Il faut parfois des expéditions lointaines et meurtrières pour doter nos garde-robes d'objets nouveaux.

Le chansonnier Piis sembla protester ainsi :

> D'ailleurs, ces shalls si solides,
> Que vous portez à l'envi,
> A des Arabes perfides
> De ceintures ont servi.
> Ah ! de ces tissus profanes
> Comme à mon tour je rirai,
> Si le goût des caravanes
> Par eux vous est inspiré.

Le châle de Cachemire tire son nom de la ville capitale d'une

province d'Asie, située dans les états du Grand Mogol. Il se fabriquait annuellement à Cachemire cent mille châles environ. Guil-
laume-Louis Ternaux conçut le projet, après avoir imité les fameux
cachemires indiens, de naturaliser en France les chèvres du Thibet,
dont jusque-là le poil avait été exclusivement employé à ces
tissus.

Ternaux envoya, à grands frais, dans le Thibet M. Joubert, employé de la Bibliothèque nationale, très-versé dans les langues de
l'Orient. M. Joubert réunit un troupeau de quinze cents chèvres,
mais deux cent cinquante-six seulement arrivèrent en France.
Leur multiplication, dans les départements du Midi, n'en amena
pas moins de très-heureux résultats.

Grâce à Ternaux, les cachemires sont devenus un des plus
somptueux ornements de la toilette féminine. Dès leur apparition,
ils émerveillèrent Paris et la province. On admira leur délicieuse
fabrication, ayant pour matière première le duvet des chèvres du
Thibet.

Aucun ouvrier français n'eût d'abord osé lutter avec la finesse
de leur tissu, avec leur légèreté sans pareille et la bizarrerie de
leurs dessins. Mais bientôt l'industrie française essaya d'imiter les
cachemires du Thibet, en se servant de coton, de soie et de laine,
qui manquaient de moelleux. Plus tard, elle tira de Russie le duvet
des chèvres des Kirghis, pour l'employer avec succès et donner aux
« cachemires français » une souplesse comparable à celle des « cachemires des Indes ».

Le cachemire a des interrègnes. Il disparaît pendant un certain
temps, puis tout à coup reparaît et reconquiert sa faveur méritée.
Auprès de lui, tout n'est que fantaisie sans consistance. Les élégantes, à l'heure où il convient de revêtir une toilette magistrale,
ne manquent jamais de recourir au magnifique produit de l'Inde.

Pour les grandes solennités de famille, le cachemire est de
rigueur.

L'industrie des étoffes de coton, en France, prit de l'importance
en 1787 seulement. A cette époque, notre gouvernement fit établir
à Rouen des machines à filer ; mais cette fabrication ne devint

florissante que sous le premier empire. On la dut aux efforts de Richard Lenoir. Depuis que les machines à filer ont été substituées à la quenouille et au fuseau, le bras d'un faible enfant fait à lui seul l'ouvrage de mille fileurs.

Durant plus de soixante années, les toiles de coton peintes, fabriquées à Rouen, et pour cela nommées « rouenneries », ont servi à vêtir la majeure partie des Françaises.

Après le retour de l'île d'Elbe, durant la dernière période du règne de Napoléon Ier, — les Cent-jours, — la violette devint à la mode. Elle était un emblème politique. A dater du 20 mai 1815, les femmes ne parurent pas à la promenade sans avoir à leur corsage un gros bouquet de violettes. Sur quelques bonnets du matin, on plaça l'immortelle à côté de la violette, dont la forme fut donnée par plusieurs joailliers aux bijoux qu'ils fabriquaient.

HISTOIRE DE LA MODE

CHAPITRE XXII

RÈGNES DE LOUIS XVIII ET DE CHARLES X

1815 A 1830

Importation des modes étrangères en 1815. — Robes blanches et plumes blanches;
fleurs de lis. — Les « ruches ». — Manches courtes et gants longs. — L'anglomanie
de 1815. — Voiles de gaze verte; *spencers*. — Apparition du *canezou*. — Modes *Ourika*. — Actualités. — Les fameuses « manches à gigot ». — Modes à l'*Ipsiboé*, au *Trocadéro*, à la *Dame Blanche*. — Turbans et bonnets de blonde. — Coiffures. — Modes
à la Girafe, « au dernier soupir de Jocko ».

Hélas! la présence des troupes alliées dans la capitale détermina
parmi nous l'adoption de quelques modes étrangères. Nos dames
empruntèrent certains détails de toilette aux Allemands, aux Po-
lonais, aux Russes et aux Anglais. Elles prétendaient saisir le bien
où elles le trouvaient.

Généralement les modes de 1815 se ressentirent des changements que la Restauration amena dans notre pays. Le drapeau
blanc flottait sur le dôme du palais des Tuileries : les robes blanches firent fureur, et sur la tête des femmes voltigèrent des plumes
blanches, sans doute en souvenir de l'héroïque panache blanc que
Henri IV « conduisait sur le chemin de l'honneur. » Plus d'une
grande dame reçue à la cour garnit le bas de sa jupe d'une guirlande de lis, sans trop modifier d'ailleurs la coupe de sa robe et en
conservant les tailles de plus en plus courtes qui avaient figuré
dans les salons de Napoléon Ier.

Dans les bals, officiels ou privés, ordinairement paraissaient les
robes blanches, avec des garnitures de fleurs au bas. Les danseuses
avaient des fleurs dans les cheveux, le plus souvent des roses. On

vit les robes écossaises, les robes à l'indolente, les robes garnies de chinchilla, les robes de mérinos garnies en rouleaux.

Les accessoires variaient beaucoup. Ici, les manches courtes étaient bouffantes et rehaussées de plusieurs rangs de « ruches »; là, elles formaient l'entonnoir, c'est-à-dire qu'elles avaient une certaine ampleur aux épaules et s'en allaient s'aplatissant peu à peu jusqu'au poignet, où elles étaient fermées hermétiquement par un ruban, de manière à être terminées par un gant de peau, de diverses couleurs.

Les dames se décolletaient et mettaient un collier de perles ou de grenat; celles qui adoptaient les manches courtes ne manquaient pas d'adopter aussi les gants longs, ce qui composait un gracieux costume.

Les gants longs coûtaient assez cher; mais aucune coquette n'eût hésité à en changer chaque jour, car ils devaient être de la plus grande fraîcheur.

Bijoux précieux, ceintures larges et d'éclatante couleur, éventails de prix, réticules brodés ou passementés, voilà ce qui complétait la toilette, voilà ce qui lui donnait du caractère et de la valeur. Les femmes nouaient en cravate des sautoirs, et les jeunes filles portaient des tabliers-robes tout blancs.

La chevelure était disposée en petites boucles presque collées sur le front et aux tempes et formant, vers la nuque, des coques fort peu apparentes. Presque toujours, des fleurs artificielles s'y voyaient, mais en très-petite quantité.

Les chapeaux s'affranchirent du « bavolet »; se renversant légèrement en avant, ils permirent au cou et au chignon de se montrer. Là encore paraissaient les fleurs artificielles.

Pendant les premières années, nos dames adoptèrent des fantaisies successives. Ouvrez le *Journal des Modes*, de 1814 à 1815, et vous y verrez prôner les choses du monde les plus extravagantes. L'anglomanie s'empara aussi de l'esprit des femmes. De là une caricature représentant « Madame Grognard » qui voulait forcer sa demoiselle à se mettre à l'Anglaise.

La jeune fille répondait :

— Fi, l'horreur! Quel goût détestable! Des modes anglaises!

Malgré ces critiques, les femmes placèrent sur leurs chapeaux de paille, suivant la mode anglaise, des carrés de gaze verte en guise de voiles ; elles mirent des spencers, vêtements ayant la forme qu'aurait un habit coupé entre la taille et les basques; elles s'affublèrent de manteaux verts à deux collets, en casimir vert, de redingotes de mérinos, de douillettes de soie.

Mais, insensiblement, en vertu du principe qui veut que le bon goût ne perde jamais complétement ses droits, elles se débarrassèrent des bouillons et des garnitures massives ; elles substituèrent au spencer le « canezou », sorte de corps de robe sans manches. La légèreté des canezous de mousseline seyait à la plupart des femmes, en avantageant leur taille.

Par malheur, elles retombèrent bientôt dans les disgracieuses manches à gigot, à béret, à la folle, à l'imbécile, à l'éléphant. Chaque jour vit éclore une nouvelle fantaisie, plus ou moins heureuse.

La duchesse de Duras fit paraître *Ourika*, roman déjà connu et admiré à la cour, mais imprimé seulement en 1821, à l'imprimerie royale, comme s'il se fût agi d'un ouvrage de science. Le public, lui aussi, se prit d'un engouement complet pour ce livre, qu'on appelait *l'Atala des salons*.

On donna le nom d'« Ourika » aux robes, aux bonnets, aux chapeaux. Ce fut une véritable rage : châles ourika, bonnets ourika, chapeaux ourika, couleur ourika, tout devait rappeler le roman de Mme de Duras.

Au reste, ces engouements se reproduisirent maintes fois.

Aussitôt qu'un livre ou un événement excitaient l'attention publique, ils recevaient de la mode une sorte de consécration. De 1822 à 1830, étaient en grande vogue les couleurs « Ipsiboë », « Trocadéro », « bronze », « fumée », « eau du Nil », « solitaire », « roseau », « graine de réséda », « crapaud amoureux », « souris effrayée », « araignée méditant un crime », « Élodie », etc.

On eût pu se croire revenu au dix-huitième siècle, du moins quant aux variétés des appellations.

Une recrudescence de luxe se manifesta dès le sacre de Charles X. Pour cette cérémonie, des coiffeurs se rendirent en poste dans la ville de Reims. Ils ne savaient à qui entendre. Dans la nuit qui précéda le sacre, il y en eut un qui arrangea la coiffure de plus de vingt-cinq dames, à raison de quarante francs par tête.

Nous aurions tort de citer seulement les manches à gigot sans leur consacrer les lignes qu'elles méritent, à cause de leur longue durée et de leur règne absolu.

Les manches à gigot parurent vers 1820 et acquirent peu à peu des proportions si énormes, qu'une dame à la mode ne pouvait passer par une porte ordinaire. Elles étaient très-larges par le haut, soutenues par des baleines ou par une espèce de petit ballon rempli de duvet.

La manche à gigot ressemblait tout à fait à la cuisse du mouton séparée de l'animal pour être mangée. Etrange idée, n'est-ce pas? Vous ne devinez point le bon goût qui put faire inventer une pareille mode?

Eh bien! le gigot ne tarda pas à devenir toute la toilette, pour ainsi dire. Il n'y avait plus d'harmonie possible dans les accessoires de ces manches singulières.

Celles-ci dominaient tout, comme les paniers d'autrefois, comme les ressorts d'acier que nous avons vus il y a quelques années. Quelques portraits du temps des gigots ont la propriété de nous faire rire.

Sous le règne de Charles X, de 1824 à 1830, les modes subirent de légères modifications. Ainsi que la couleur des étoffes, les affiquets furent motivés par des actualités, par des pièces ou des romans à succès. On voit alors se succéder la couleur, le crêpe, la coiffure et les turbans « à l'Ipsiboë », roman à grande passion du vicomte d'Arlincourt ; les rubans « Trocadéro », rappelant la campagne du duc d'Angoulême en Espagne ; le bleu « Élodie » ; les carreaux écossais « à la Dame Blanche », en l'honneur du chef-d'œuvre de Boïeldieu ; les singulières fantaisies « à la Lampe merveilleuse », « à l'Emma », « à la Marie Stuart », « à la Clochette ». On voit encore des chapeaux aux larges bords évasés, surmontés de plumes et de

rubans, des turbans « à la Sultane », des bérets, des bonnets de
blonde de Chantilly.

Que d'élégantes entourent leur cou d'un « sentiment » ou collier-
carcan de velours, de « boas » de fourrures ou de « plumes frisées » !
Les robes descendent à peine jusqu'à la cheville : elles sont garnies de gaze, de blonde, de nœuds, de bandes de velours, de torsades de satin, de franges en plumes, d'ornements plaqués sur
étoffe unie.

C'est l'époque des toques de velours, des witchouras de velours,
des manchons de chinchilla, des corsages drapés à la Sévigné, des
chapeaux de satin ornés de marabouts, des pelisses de satin doublées de duvet de cygne ; des robes de satin recouvertes en crêpe,
garnies d'un bouillon de crêpe, de roses et d'épis en perles, et
inventées par Mme Hippolyte ; des robes de mérinos garnies en
satin : le corsage en gerbe par derrière comme par devant ; des
turbans moabites en gaze lisse et chefs d'or, ornés d'un esprit ;
enfin des écharpes de barége-cachemire.

Pour coiffure, les femmes ont des nattes sur le sommet de la
tête, des coques hautes et arrondies, auxquelles sont mêlés des
rubans et des fleurs. Ou bien elles mettent dans leurs cheveux des
plumes frisées, « de l'invention de M. Plaisir », et des coiffures
ornées d'un peigne d'acier.

Ajoutez les ceintures de crêpe chiné, les ceintures en cheveux
et en gaze, les corbeilles de maroquin, les boucles de diamants
à la ceinture, les sacs de maroquin en forme de portefeuilles ou
de coquilles, les sacs de cuir moulé, des mantilles de dentelle, les
ombrelles écossaises et de satin damassé, les chaussons de velours
épinglé et fourrés.

En 1827, la France posséda pour la première fois une girafe
vivante. Le curieux animal avait été envoyé à Charles X par le
pacha d'Égypte, et il avait été remis au Jardin des Plantes.

Cette girafe obtint un succès vraiment phénoménal ; jamais la
ménagerie du Jardin des Plantes n'attira autant de visiteurs. La
foule allait voir la girafe manger ou se promener. Durant plusieurs
mois il ne fut question que de ce ruminant. Les auteurs drama-

tiques ne parlaient que de la girafe sur la scène, et les orgues de
Barbarie ne cessaient de redire des airs composés en l'honneur
du joli animal, que tout Paris connut bientôt.

La mode donna son nom à une infinité de créations fantas-
ques : robes à la girafe, ceintures à la girafe, chapeaux à la girafe, etc.; les ajustements de toilette étaient confectionnés de
manière à immortaliser le présent fait par le pacha d'Égypte.
Mais cet engouement dura une année à peine, tandis que la
girafe vécut dix-huit ans au Jardin des Plantes.

A l'occasion d'un chimpanzé qui orna le même établissement,
les fantaisies se multiplièrent aussi; et lorsque Jocko eut expiré,
les dames rendirent hommage à sa mémoire. Il y eut une mode
« au dernier soupir de Jocko ».

De plus, le besoin d'être « à la mode » se fit sentir impérieu-
sement chez les femmes de toutes les classes.

Nous aurions une tâche longue et pénible à accomplir, s'il nous
fallait décrire la toilette de la limonadière sous la Restauration,
celle de la bijoutière, de l'orfévre, de la lingère, de la fleuriste,
de la pâtissière, etc.; en un mot, de toutes les petites bourgeoises
qui, par état, devaient trôner dans un comptoir.

Chacune de ces femmes adoptait une toilette particulière, en
harmonie avec sa profession, quand elle ne lui était pas supérieure; une toilette d'une élégance plus ou moins recherchée.

Telle limonadière du Palais-Royal excitait, par sa toilette, l'envie
des dames de la cour. On citait celle du café des Mille-Colonnes,
pour laquelle tout l'art d'un habile coiffeur s'épuisait, comme s'il
eût pratiqué son « génie » sur la tête d'une illustre princesse.

Louis-Philippe 1er
1832 à 1837

Louis-Philippe 1er
1842 à 1846

HISTOIRE DE LA MODE

CHAPITRE XXIII

RÈGNE DE LOUIS-PHILIPPE Ier.

1830 A 1848

Révolution de juillet 1830. — Modes sous le règne de Louis-Philippe Ier. — Bibis microscopiques. — Bonnets divers. — Turbans *à la Juive*. — Idées romantiques. — Modes *moyen âge* et *renaissance*. — Influence de la tragédienne Rachel. — Modes grecques et romaines. — Couleur des étoffes. — Baptême des étoffes. — Manches « à la bédouine ».— Chapeaux et coiffures.— Le chapeau *Paméla.*— Excentricités nouvelles.— Robes *Taglioni*, froncés *à la Vierge*, lacés *à la Niobé*, etc.— Bouquets de bal.

La révolution de juillet 1830 n'eut pas, à beaucoup près, sur la mode l'influence que la révolution de 1789 avait exercée.

Sous le règne de Louis-Philippe Ier, comme sous celui de Charles X, le costume féminin ne se modifia guère que par partie. Les fantaisies se succédèrent sans interruption, mais le fond de la toilette générale resta le même. Sans doute on vit bien les « bibis » microscopiques remplacer les monstrueux chapeaux de dames, dont nous avons déjà parlé; sans doute les bonnets habillés affectèrent une multitude de coupes et reçurent des noms divers : « à la paysanne », « à la Charlotte Corday », « à la religieuse », « à l'Élisabeth », « à la châtelaine », « à la Marie-Antoinette », « à la polka », etc.; mais on ne remarqua, parmi les nouveautés transcendantes, que les résilles « à la napolitaine », les pompons « steeple-chase » placés au-dessous des oreilles, les toques arméniennes « à pentes », les demi-bonnets « à la catalane », les coiffures frangées « à l'algérienne », les turbans blanc et or « à la juive », avec une bride « à la Rachel ». Ces turbans rappelaient le costume de Mlle Falcon dans l'opéra de *la Juive,* par F. Halévy.

Le plus étrange changement consista dans les couleurs adoptées pour les toilettes; les nuances tristes et sombres l'emportèrent sur les riantes couleurs, sans qu'on puisse attribuer cette mode à d'autres causes que les idées romantiques de ce temps, où les hommes et les femmes se plaisaient à prendre des airs mélancoliques, « byroniens » et maladifs.

Ce que le romantisme opéra de changements dans l'histoire de la mode se conçoit aisément. Les premières œuvres de Victor Hugo et de Lamartine avaient exalté les imaginations; en même temps les romans de Walter Scott et les poëmes de lord Byron avaient développé partout le goût des conceptions sentimentales.

On ne pensait qu'aux rêveries, aux douleurs, aux sacrifices, aux dévouements sans bornes. On pleurait volontiers, par genre.

Moi qui écris ces lignes, j'ai connu bien des jeunes filles désolées d'avoir une apparence de bonne santé, des joues roses et fraîches, parce que c'était « commun », disaient-elles. Comme si l'éclat de la nature n'était pas la source incomparable de toutes les beautés! Plus d'une demoiselle, voulant avoir l'air d'une « poitrinaire », finit par le devenir, en se privant de nourriture convenable, de peur de grossir et d'être « matérielle ».

L'envahissement du moyen âge se manifesta, en outre, par une foule de parures renouvelées des époques dont nous avons parlé au début de cette histoire.

Quelle est cette dame? Est-ce la châtelaine de Coucy? Sa jupe est traînante. Un énorme collier de perles; des manches pendantes, telles que les portait Marguerite de Bourgogne; une aumônière fixée à sa ceinture et des bijoux sculptés lui donnent l'apparence d'une femme du quatorzième siècle. Il n'en est rien, pourtant. C'est une riche commerçante qui a vu les drames de Victor Hugo et d'Alexandre Dumas.

Est-ce que cette autre dame n'appartient pas à la cour de Charles VI? Non, détrompez-vous. Seulement elle a voulu que sa modiste et sa couturière l'habillassent « dans le genre » de Mlle Georges, si brillante dans le rôle d'Isabeau de Bavière, personnage principal de la pièce intitulée *Perrinet Leclerc*.

Outre les promenades de Longchamp et du jardin des Tuileries,
l'Opéra, les Italiens, l'Opéra-Comique, le Théâtre-Français, l'Odéon
et les grands théâtres du boulevard ont maintenant une action
énorme sur les modes fantaisistes. Des disparates incroyables
existent entre les natures des personnes et les vêtements qu'elles
préfèrent. La plus douce jeune fille se coiffe comme l'infanticide
Norma; la plus tendre mère de famille veut ressembler, par le
costume, à la *Marquise de Brinvilliers,* l'empoisonneuse.

Les bals masqués foisonnent de personnages historiques, depuis Frédégonde jusqu'à Marie Stuart, depuis Catherine de Médicis jusqu'à Charlotte Corday. Le Grec et le Romain ont fait place
au moyen âge et à la Renaissance.

Aussi lisons-nous dans une revue, en 1834 : « La mode a ses
révolutions, comme les empires ; mais autrefois elles étaient lentes
et progressives ; aujourd'hui elles suivent le mouvement des esprits et participent à l'instabilité de nos institutions. Chaque siècle
était jadis marqué de la même empreinte, et les costumes de nos
aïeux peuvent servir, en quelque sorte, de date à l'histoire. Maintenant la mode, avide de changements, interroge tous les siècles,
toutes les époques, leur fait des emprunts, et ne s'empare d'un
costume que pour l'abandonner bientôt pour un autre : c'est l'af-
faire de quelques mois, de quelques semaines, de quelques jours. »

Cependant la grande artiste Rachel ressuscite l'ancienne tragédie. Elle joue Émilie, Hermione, Ériphyle, Monime, Électre,
Roxane, Pauline, Agrippine et Phèdre. Son génie donne une
puissance nouvelle à ces chefs-d'œuvre, presque oubliés depuis
Talma.

Et voici que les dames du faubourg Saint-Germain et de la
Chaussée-d'Antin se livrent à l'enthousiasme ; non-seulement elles
reçoivent dans leurs salons Rachel, qui vient y réciter les impré-
cations de Camille ou le songe d'Athalie, mais elles copient l'illustre tragédienne dans sa manière de se vêtir. Si Rachel porte
un bracelet d'art, vite ces dames s'efforcent d'en acquérir un qui
lui ressemble ; si Rachel exhibe d'admirables camées, ces dames
veulent l'imiter encore. Elles imitent la tragédienne jusque dans

les détails les plus minutieux de ses parures, jusque dans ses coiffures les plus caractérisées.

Le romantisme a cédé le pas à l'« école du bon sens », comme disent les prôneurs de Ponsard ; et *la Ciguë* d'Émile Augier redonne aux Françaises les velléités de revenir aux modes grecques et romaines.

Mais cette réaction contre le moyen âge n'atteint pas les classes bourgeoises, qui remplacent les toilettes romantiques ayant fait leur temps par un courant d'idées plus simples, par des modes moins rehaussées de ton.

En ce qui regarde la couleur des étoffes ordinairement portées pendant le règne de Louis-Philippe 1er, signalons l'apparition du vert russe, du cul-de-bouteille, du noir Marengo, du pur éthiopien, succédant aux agréables nuances lilas, gorge de pigeon et « première aurore ».

Et de quels noms aussi furent baptisées les étoffes! Quoi de plus gracieux, n'est-ce pas, que le pou de soie et le pou de la Reine!

Jamais le baptême des étoffes n'offrit plus de variété. Les noms les plus étranges leur étaient donnés, soit par les fabricants, soit par les marchands de nouveautés. C'était à qui inventerait des mots prétentieux par excellence, et le public adoptait sérieusement ces dénominations qui faisaient sourire certaines gens.

Aux « diamantines » se joignaient les « constellées » ; aux « cheveux de Vénus » succédaient «les ailes de papillon ». Que de poésie! Que de romanesques vêtements ! Et nous ne parlons pas des effets tricolores, qui, de temps à autre, faisaient une apparition momentanée, quand les sentiments patriotiques s'exaltaient pour célébrer quelques victoires remportées sur les tribus d'Algérie.

A côté des noms poétiques se rencontraient des noms peu agréables, mais néanmoins acceptés par tout le monde. Comme cela sonnait bien de complimenter une dame sur son« pétrin fleurette », ses manches « à la bédouine », son corsage à busc ou à lacets lâches !

Le chapeau et la coiffure en cheveux étaient également estimés; le « bibi » se vit tout à coup transformé en « caba », dont la passe allongée cachait le cou; puis, la saison suivante, en «chapeau

Paméla », dont les passes arrondies dégageaient très-gracieusement les contours de la joue. Quant à la coiffure en cheveux, elle se composa surtout de papillotes placées de chaque côté des joues, et de grosses coques montantes artistement fichées au moyen d'un peigne sur le derrière de la tête.

Presque tous nos portraits de famille actuels reproduisent cette mode, parfois complétement par des plumes fines, et le plus souvent par des fleurs artificielles encore en usage aujourd'hui. Avec quel art on fabriquait déjà les roses, les géraniums, les nymphéas, les chrysanthèmes, les camélias, et tant d'autres charmantes fleurs qui animent la toilette des femmes !

Robes montantes ou décolletées, avec ou sans «pèlerine»; manches longues à poignets, ou manches courtes terminées par des gants longs; corsage avec ou sans ceinture, généralement surmonté d'une «collerette» brodée ; écharpe et ombrelle de couleur foncée ; souliers de «prunelle» noire ou de satin turc; point de garnitures aux robes, mais çà et là des nœuds de rubans rouges ou couleur feu, étagés; collier à double rang de perles, voilà la toilette la plus répandue vers l'année 1830.

Ne vous figurez pas que tout se terminât ainsi. Non, non, la fantaisie et le besoin de changement ne sauraient jamais abdiquer. Aux manches « à gigot », « à béret», « à l'imbécile » et « à l'éléphant » succédèrent des manches moins excentriques, mais encore assez étranges pour la plupart.

Telles les manches «à la Vénitienne», «à la Louis XIII», «à la religieuse », « à la Turque », « à la Bédouine », « à la Persane », «à la jardinière», «à la Sévigné», «à la Dubarry», etc. J'en passe, et des plus originales. On renouvela les «petits bords Henri II à plume tourmentée», et les dames raffolèrent des cols et guimpes « à la Médicis», des «mantelets à la vieille» ou « à la paysanne ».

Je ne finirais pas, si j'entreprenais la nomenclature des légères mais très-diverses modifications que subit la mode.

Et pourtant, comment ne pas rappeler ici les robes « Taglioni », à quatre jupes? Comment ne pas parler du règne des « berthes», des « célimènes » de blonde, des corsages « à la Pompadour », des

lacés « à la Niobé », des froncés « à la Vierge », « à mille plis »,
« à la Grecque », « à la pointe », etc. ? Pendant cette époque, les
étoffes nouvelles pullulèrent. C'étaient le « droguet catalan », le lam-
pas « burgrave », « l'étoile polaire », « le caméléon fleuri » ; c'étaient
« la casimirienne », « la palmyrienne » brochée d'or sur fond
bleu, le velours bleu de « Benvenuto Cellini », les satins « Médicis »
et « Louis XV », le tulle « illusion », le crêpe « Rachel », la soierie
« caméline », le tissu « fil de la Vierge », la gaze « polka » ; c'étaient
enfin les mouchoirs « à la duchesse » et « Fleur-de-Marie ».

La dentelle plut aux grandes dames. La robe de mariage de la
duchesse d'Orléans, princesse Hélène, était de point d'Alençon.
Elle coûta trente mille francs.

Et depuis, que de noms différents ont paru sur le calendrier des
modes ! Chaque saison nouvelle voit naître et mourir une coiffure
au moins, une étoffe, une fantaisie, une forme de robe. Beaucoup
d'objets, légers et frêles comme les roses, ne vivent comme elles
que « l'espace d'un matin ». Chaque femme se rend esclave de la
mode générale, quelque bizarre qu'elle puisse être ; elle cherche à
ne pas être ridicule, en suivant les goûts les plus étranges du jour.

Il s'établit une singulière rivalité dans les bouquets de bal,
en 1834. Ils étaient arrivés à un point de recherche extrême. Au
milieu, on plaçait cinq ou six camélias qui s'élevaient en pyramide, mêlés de feuillages verts ; tout autour, des violettes, de la
bruyère ou de petites fleurs de serre. Ces bouquets se plaçaient
dans un petit cornet en or de bijouterie, qui tenait à un anneau
par une chaîne, de manière à pouvoir laisser tomber le bouquet,
lequel restait suspendu à la main.

Plusieurs fois cette jolie fantaisie a reparu, seulement avec quelques modifications dans la forme des « porte-bouquets ».

CHAPITRE XXIV

DEUXIÈME RÉPUBLIQUE

1848 a 1851

Étoffes tricolores de 1848; manteau girondin. — Robes ouvertes. — Toilettes d'été. — Kasawecks et leurs dérivés. — Chapeau de castor; chapeaux de velours et capote de satin ou de crêpe. — Manteaux cloches, Cornélie, moldaves, Joséphine; mantelets. — Le vert Isly. — Sorties de bal. — Coiffures nombreuses. — Ombrelles *marquises*. — Bijouterie. — Chapeaux de paille et capotes. — Etoffe *orléans*; *armure.* — Petit sac. — Les *chinés*. — Manches *pagode*. — Gilets, corsages à basques. — Canezous nouveaux.

La révolution de 1848 fut de trop courte durée pour opérer des changements sur la mode. Nous ne constatons guère, à cette époque provisoire, que l'adoption d'étoffes à trois couleurs, comme réminiscence de l'année 1830. Les rubans tricolores parurent aux bonnets et sur quelques chapeaux. Les dames portèrent pendant peu de mois le « manteau girondin », recouvert de trois petits lacets nuancés, fait en mousseline avec garnitures festonnées. Au reste, la couleur en vogue pour les mantelets d'étoffe était le « bronze ».

L'année 1848 ne différa guère de la précédente. Mêmes étoffes, mêmes corsages et mêmes manches. Petits mantelets, les uns dits « grand'mère »; les autres formant châle, avec de petites manches et trois volants; d'autres enfin, arrondis par derrière, garnis de franges ou de haute dentelle.

On aima les robes ouvertes, les corsages à la Raphaël, décolletés carrément, froncés devant et derrière, avec des coiffures à la Marie Stuart.

Comme les toilettes d'été, généralement fort légères, mettaient à l'épreuve la santé des personnes frileuses, celles-ci placèrent le

soir sur leurs robes des kasawecks ou kasaweckas, importés de
Russie.

Le kasaweck était une espèce de veste ou de camisole descendant plus bas que la taille, avec un dos juste, avec des manches
demi-courtes, larges et à parements. On faisait les devants larges
ou ajustés, selon la fantaisie. Le kasaweck, doublé de fourrure en
Russie, était chez nous seulement ouaté.

Il y en avait beaucoup en velours ou en satin. Les uns se portaient sous un châle ou un manteau, les autres étaient taillés en
cachemire ou en mérinos. Le kasaweck fut baptisé sous plusieurs
noms : coin-du-feu, casaque, pardessus, etc. On compta une
incroyable série de kasawecks : kasaweck d'appartement, kasaweck
jardin, kasaweck jeune fille, kasaweck grand'mère.

Au reste, les femmes de goût véritable ne s'en vêtirent jamais,
hors de chez elles, en plein jour.

Pendant plusieurs années, les dames adoptèrent les chapeaux
de castor, ayant une forme évasée. Elles les abandonnèrent, parce
qu'ils coûtaient fort cher, ne pouvaient convenir pour toilette, et
jaunissaient assez promptement. On les remplaça par des chapeaux de velours ornés de dentelle noire ou de plumes, par des
capotes de satin ou de taffetas, par des chapeaux de crêpe, sur lesquels les modistes posaient des fleurs en velours : pensées, oreilles-
d'ours et primevères.

Les robes, à peu près de même forme, étaient plus ou moins
décolletées, selon qu'elles servaient pour se rendre à la promenade ou pour aller dans le monde. Elles étaient plus ou moins
courtes, mais la mode ne permettait plus aux femmes de laisser voir leurs pieds jusqu'à la cheville, comme cela avait eu lieu
vers 1829.

Sous le rapport de l'étoffe, on préférait, en fait de laine, le
cachemire, la flanelle, le drap de Glascow et le satin amazone ;
en fait de soie, le satin à la reine uni ou glacé, le pékin, le gros
d'Afrique, etc.

Il y avait une foule de manteaux, de mantelets, de pardessus.
Trop longue en serait l'énumération. Mais n'oublions pas de rap-

peler, entre autres, le manteau grec ou manteau « cloche », que
l'on appelait aussi manteau « Cornélie », parce que, par sa simplicité et son ampleur, il ressemblait quelque peu au manteau
romain. Il n'avait ni manches ni couture sur les épaules; on en
relevait, si l'on voulait, les extrémités, et on le drapait comme un
châle.

Un autre manteau, dit « moldave », dépassait le genou. Les
manches retombaient larges par derrière, et par devant elles formaient pèlerine carrée. Citons aussi le manteau de cachemire
beige, que l'on entourait d'un galon, qui était à double pèlerine;
le manteau « Joséphine », avec pèlerine, et sans couture sur les
épaules, et le mantelet-châle, dont l'élégance consistait en partie
dans la garniture. Le mantelet de dentelle noire s'enjolivait de
petites ruches de dentelle étroite ou de frisette, espèce de galon
traversé dans sa longueur par un bout de soie qui, lorsqu'on le
tirait, faisait froncer ce galon des deux côtés.

Parmi les couleurs à la mode se trouvait principalement le vert
Isly, en souvenir de la grande victoire remportée, le 14 août 1844,
par le maréchal Bugeaud sur les armées de l'empereur du Maroc.
Les parures de femme empruntaient beaucoup de fantaisies à
l'Algérie, ou tout au moins elles s'inspiraient des événements qui
se passaient dans notre colonie, et elles en consacraient le souvenir.

A cette même époque, les « sorties de bal » furent très-em-
ployées. L'hiver de 1849-50 ne manqua pas de réunions dansantes,
et le nombre des soirées parisiennes étonne l'historien, quand il
se reporte aux faits politiques de la même année.

Les coiffures « à la Marie Stuart » brillaient à côté des coiffures
« à la Valois », adoptées par les jeunes et jolies femmes qui cher-
chaient à se distinguer. Dans la coiffure à la Valois, les cheveux
se relevaient comme pour la coiffure à la Chinoise; ils se retroussaient en bourrelet tout autour du front. La coiffure druidique se
composait de chêne vert; la coiffure néréide comprenait toutes les
fleurs aimées des naïades; la coiffure Léda était en petites plumes
d'oiseau de Barbarie; la coiffure Proserpine se faisait avec des

fleurs des champs, car on rappelait Proserpine avant son enlève-
ment; la coiffure Cérès, enfin, s'inspirait des attributs de la Bonne
Déesse.

On portait de grandes chaînes de grosses perles (sans fermoir)
qui, après avoir fait le tour du cou, venaient retomber par devant
à la hauteur de la ceinture; puis des bracelets en marcassite, en
émail, en diamants, en camées; puis des velours, larges de deux
doigts environ, serrés autour du cou.

Dès que le moindre rayon de soleil paraissait, les dames se munissaient pour aller en visites, ou à la promenade, de petites ombrelles toutes blanches, ou roses, ou vertes. Quelquefois ces
ombrelles, dites « marquises », étaient entourées d'une haute dentelle, ce qui leur donnait l'air un peu « chiffon ». Ou bien, ayant
la forme de petits parapluies, les ombrelles pouvaient servir, au
besoin, contre les averses soudaines. Bientôt, on vit des ombrelles
« à disposition », bordées d'une guirlande brochée ou d'une raie
satinée, soit couleur sur couleur, soit bleu ou vert sur écru, violet
sur blanc ou sur soufre.

L'usage des bouquets de corsage en bijouterie n'eut que peu de
fidèles. Ils coûtaient trop cher. Il y en eut un, à l'exposition des
produits de l'industrie, en 1849, lequel, de grosseur ordinaire,
sans diamants, sans pierres, ne pouvait être vendu moins de sept
mille francs. Seulement, il devenait à volonté diadème, bracelet
ou collier.

Pour affronter les boues de Paris, les dames chaussèrent des
brodequins en peau à talons, faits comme les brodequins ordinaires, dont la guêtre, en peau d'agneau, se boutonnait en dehors.
Les souliers ne servaient guère que pour les toilettes de bal. Ils
exigeaient de beaux bas brodés à la main, en soie, ou en fil
d'Écosse.

Les fabricants imaginèrent de charmants bijoux en émail vert,
en émail or et perles, et bleu argent oxydé. Les épingles de bonnets, les broches avaient des pendants, soit de perles, soit de diamants. Les arabesques plaisaient infiniment aux femmes les plus
élégantes.

Au reste, combien de toilettes différentes, dans une seule journée ! Robe de chambre du matin, toilette pour la messe, toilette de promenade, toilette du soir, toilettes de spectacle ou de bal ! Sans compter les toilettes de mariées, les toilettes de deuil, les toilettes de jeunes filles, les toilettes d'enfants !

La grande nouveauté, la nouveauté typique dans les modes en 1850, ce fut le chapeau de paille, puis la capote. Les promenades publiques en foisonnaient.

Il suffit, pour s'en convaincre, d'énumérer les noms : les paillassons, les chapeaux de paille cousue, les pailles belges à bord dentelé ; les pailles de fantaisie, formant coquilles, losanges, etc.

Le succès des chapeaux de paille d'Italie, mode renouvelée, se maintint pendant plusieurs années. Les dames riches acquéraient de belles pailles d'Italie, appelées *pailles de Florence ;* plus généralement, dans la classe moyenne, on se contentait de pailles cousues. Tous ces chapeaux, plus ou moins précieux comme matière première, étaient garnis de rubans blancs, de gerbes d'épis de blé, de fruits, de coquelicots, de nœuds de ruban ou de paille.

C'était surtout aux jeunes filles que plaisaient les capotes. Les modistes les faisaient avec du crêpe lisse ou du tulle, ornés de bandes de paille d'Italie. Elles vendaient force capotes de tulle malines, de crin végétal, de taffetas, et enfin de paille de riz. Quelques capotes de dentelle noire étaient ordinairement portées par les femmes d'un certain âge.

La paille était donc de mode pour toutes les classes et pour toutes les positions.

Une étoffe de laine, encore en usage, date de l'année 1850. Elle s'appelait *orléans* ou *orléance*, était très-mélangée et très-brillante, quelquefois grise et noire pour demi-deuil, et très-généralement employée pour la confection des robes. « L'armure », étoffe d'automne, était en laine mélangée gris, violet ou vert, ornée de raies satinées, à disposition.

Les robes de promenade étaient toujours ouvertes en cœur, avec manches larges à volants et sous-manches plates, qui laissaient voir des bracelets de velours noir artistement travaillés, imitant le corail. On rencontrait des dames ayant de magnifiques robes de « satin à la reine » semé de bouquets chinés, garnies de volants égaux ou gradués.

De 1850 aussi date l'invention d'un petit sac ou boîte à ouvrage, extraordinairement commode, contenant différents objets attachés sous le couvercle : un étui, un outil pour les ongles, un passe-lacet, des ciseaux, un outil à boutons, des crochets. Dans l'intérieur se trouvaient le dé, un petit portefeuille, un crayon, une glace et une pelote. On pouvait aisément y mettre une bourse, un mouchoir, une bande de broderie ou tout autre petit ouvrage, avec le coton. Ce coffre était en cuir brun, noir ou vert, ou en cuir de Russie, doublé de soie. Deux courroies de cuir le rendaient très-facile à porter.

Cette invention, qui alla se perfectionnant d'année en année, est en pleine vogue à l'heure où nous écrivons. La bourgeoise et l'ouvrière l'ont adoptée, et l'on peut dire qu'elle rend de grands services aux ménagères, qui maintenant portent presque toutes des sacs de voyage, très-élégamment et surtout très-commodément fabriqués.

Une fort jolie toilette de l'époque, c'était une robe de taffetas bleu glacé noir, ou vert glacé noir, avec deux ou trois volants gradués ; chaque volant était soutaché d'une grecque couchée, en ruban étroit de velours noir. Le corsage, à basques (car les basques de toutes formes se portaient beaucoup), était orné de velours. Un jupon, de très-fine toile, avec broderie anglaise, paraissait aussitôt que la robe était un peu relevée.

La soie fut si généralement employée, qu'elle en arriva à coûter un prix fabuleux, et que le velours perdit de son prestige devant les moires antiques, les brocarts ; devant les gros de Tours, les chinés entremêlés de raies satinées, les reps à bandes de velours, les popelines moirées et d'Irlande à grands carreaux.

Néanmoins, les demoiselles de magasin et les ouvrières faisaient tous les sacrifices d'argent pour se procurer une toilette en soie.

Quant aux couleurs des étoffes, nous constatons une amélioration sensible dans la mode. Les dames comprirent, ou du moins

commencèrent à comprendre, que chacune d'elles devait se parer
à sa guise, choisir les couleurs qui lui convenaient, et, tout en
suivant les fantaisies les plus répandues dans la promenade de
Longchamps, adapter les toilettes à sa nature physique.

Les variétés de robes, de mantelets, de chapeaux allèrent croissant. Les étoffes chinées furent très-nombreuses : chiné pastel,
chiné bouquet de roses, chiné à tabliers, chiné avec guirlandes
entourant la jupe, chiné obélisque, etc. Les dames grandes et
élancées portèrent jusqu'à cinq volants sur leur jupe, le dernier
volant partant de la ceinture.

Avec la vogue des manches « pagodes » fut ravivée la mode
des bracelets en velours ou en rubans, que l'on devait plutôt appeler *brassards*, car les choux et les nœuds cachaient entièrement le
poignet. Cela convenait bien pour les bras maigres ; pour les bras
potelés, l'usage des velours plats retenus par des boucles se maintint pendant un assez long temps.

On festonna les mouchoirs de main ; mais, pour la toilette, la broderie entourée de dentelle rivalisa avec le carré d'Angleterre. Les
gants peau de chevreau et d'agneau se vendirent en telle quantité, que les fabricants en augmentèrent le prix d'une façon extraordinaire, sous prétexte que « le massacre de ces pauvres bêtes ne
pouvait suffire à la consommation. »

Quelques couturières remirent en vogue la manche tailladée,
terminée par un petit poignet, les cols mousquetaires ou chevaliers.

En 1851, la mode des gilets se propagea. On en porta beaucoup
sous les corsages à basques. Les dames donnaient ainsi une nouvelle consécration au vêtement de Gilles, bouffon du dix-huitième
siècle. Pour le négligé, les gilets étaient en velours noir, montants,
boutonnés ; pour les visites, en soie brodée au passé, avec boutons
d'orfévrerie. On posa aux gilets habillés des boutons d'or ciselés
ou unis, de corail, de turquoises ou de grenat.

Les canezous vinrent aussi prêter un grand secours à toutes les
jupes encore fraîches. Ils étaient festonnés ou bordés de petites
dentelles. On les portait l'été ; mais quand le froid commençait à

paraître, on s'empressait de les remplacer par ·des pardessus d'étoffe, succédant à la gaze et à la mousseline.

Assez souvent les ménagères usaient du canezou pour mettre à profit les jupes dont les corsages avaient été défraîchis, et, sous le rapport de l'économie, elles obtenaient d'excellents résultats.

HISTOIRE DE LA MODE

Napoléon III
1860 à 1864

Seconde République Napoléon III
1848 à 1860

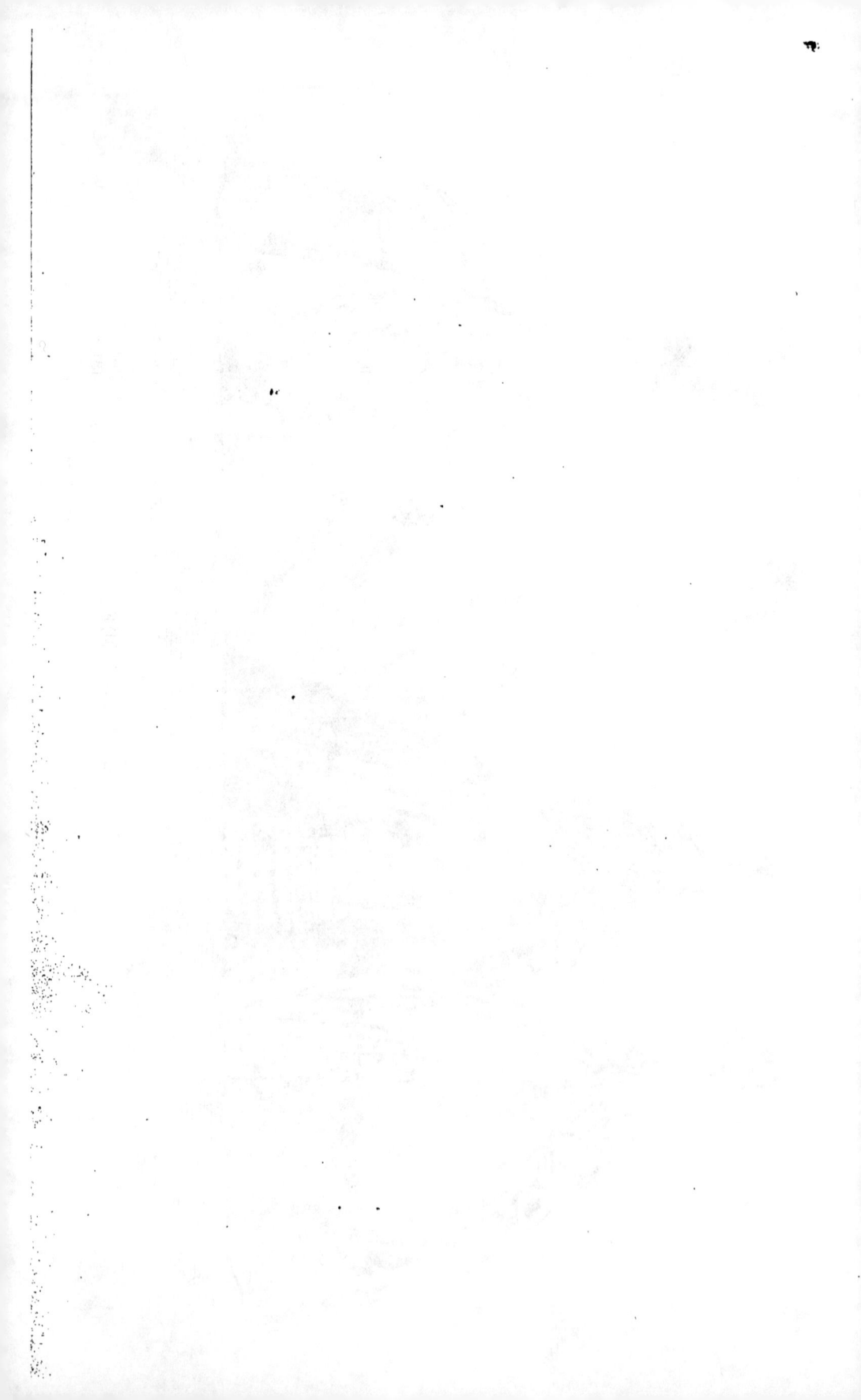

CHAPITRE XXV

RÈGNE DE NAPOLÉON III

1851 A 1854

Commencement et progrès des confections. — Le talma, le mousquetaire et la rotonde.
— Second empire ; souvenirs du temps de Napoléon Ier. — Mariage de Napoléon III ;
toilette de la nouvelle impératrice : manteau et «traîne de cour». — Les quatre caté-
gories de robes. — Toilettes d'opéra, en 1853-1854. — Corsages à la Vierge, corsages
Pompadour, corsages Watteau. — Garnitures de jupes. — « La nuance Théba ». —
Etoffes claires. — Bandeaux demi-Valois. — Coiffure Eugénie et bandeaux Mainnier.
— Fin de la première période des modes impériales.

Cependant les couturières, comme les tailleurs, s'étaient mises à
faire des vêtements à l'avance et par assortiment. Les dames ache-
taient des « confections », c'est-à-dire des manteaux, des mantelets, des châles garnis. Partout s'élevaient des magasins spéciaux
où les clientes trouvaient un énorme choix de vêtements «confectionnés».

Le « Talma », manteau de drap, avec ou sans capuchon, et garni
d'ornements de toutes sortes, se distingua surtout parmi les manteaux de dames, dont quelques-uns étaient fort simples. Les talmas
étaient aussi surnommés « des Cervantes », ou des « Charles X »,
ou des « Valois », ou des « Charles IX ».

Evidemment, le Talma tirait son origine de l'Espagne. A côté
de ce vêtement, l'on vit le manteau « Andromaque », qui rappelait la Grèce ancienne, et surtout les triomphes dramatiques de
Mlle Rachel.

Puis vinrent le « Roméo », le « mousquetaire », le « Charles-
Quint», la «rotonde ».

Le mousquetaire se garnit de chevrons de velours. Il se fermait par des pattes et de larges boutons. Quant aux autres manteaux, leurs formes se rapportaient toutes à celle du Talma, sauf quelques modifications de détail.

Après l'avénement du second empire, les modes du premier empire ne reparurent point immédiatement, malgré tous les pronostics des enthousiastes. Il faut cependant remarquer que les tailles devinrent un peu moins longues, et que, dans quelques accessoires de la toilette, certains ressouvenirs du temps de Napoléon Ier se manifestèrent sans prendre véritablement racine parmi nous.

Plusieurs années devaient s'écouler avant que l'on essayât encore de raviver les anciens costumes du premier empire.

Le mariage de Napoléon III donna un essor nouveau à la mode des femmes, qui se mirent à imiter le plus possible les toilettes adoptées par l'impératrice, devenue soudainement l'arbitre des variations du costume féminin.

Celle-ci, dans Notre-Dame, portait une robe à queue en velours blanc épinglé. Le corsage, montant, était à basques, tout chargé de diamants et de saphirs mêlés de fleurs d'oranger. La jupe était couverte d'un point d'Angleterre. Le point d'Angleterre avait été choisi à cause du voile, qu'il avait été impossible de trouver en point d'Alençon.

On parla longtemps de cette toilette dans le monde des salons aristocratiques et bourgeois.

Un mot du manteau de cour et de la « traîne de cour, » qui ne tarda pas à prendre rang dans les toilettes officielles.

Le véritable manteau de cour, montant jusqu'aux épaules, était réservé, dit-on, à l'impératrice, aux princesses et à quelques dames en possession des grands honneurs ; car le palais impérial voulait rappeler le plus possible les magnificences qu'avait étalées Louis XIV, et la haute société redevint fort luxueuse.

La « traîne de cour » se composait d'une jupe s'ouvrant par devant, couvrant bien les hanches, et s'allongeant en queue par derrière. La traîne se fixait à plis autour de la taille. Il fallait consulter un maître de danse pour apprendre, non à s'avancer avec une traîne, ce qui était chose facile, mais à tourner, et surtout à reculer, ce qui était la chose la plus difficile du monde.

Avec le costume de cour, les barbes devaient tomber jusqu'à la taille. Ces barbes étaient généralement en dentelles ; quelques-unes étaient brodées en or et en argent.

Dans les réunions officielles, l'élégance et la richesse des vête-ments s'accentuèrent de jour en jour. Les fantaisies brillantes se succédèrent.

Les premières faiseuses de Paris confectionnèrent pour la nou-velle impératrice quatre catégories de robes, si l'on peut dire ainsi : robes de bal, robes de soirée, robes de ville et robes de chambre.

Parmi les toilettes habillées, on remarquait une robe de moire antique rose, à basques garnies de franges et de dentelle, de plumes blanches ; une robe de taffetas vert, à volants garnis de plumes frisées, et une robe de taffetas mauve, à volants bordés d'application de Bruxelles. Elles étaient à basques, à taille très-longue, et à queue entière ou à demi-queue arrondie. La plupart avaient un corsage drapé.

Quel que fût le désir de bien des gens, il y avait loin de ces modes à la réapparition de celles que nous avons indiquées sous le règne du premier empereur. Malgré les tailles un peu raccour-cies, l'ensemble des toilettes ne devait pas sortir de cette forme jeune, élégante, élancée, qui a fait et fera toujours tant d'honneur au goût français.

La masse des dames ne succomba pas à la tentation de rappeler par le costume le temps de la maréchale Lefebvre, aussi célèbre par ses falbalas et ses plumes que par son langage étrange et ses naïvetés.

Effectivement, pendant l'hiver 1853-1854, on admirait, à l'Opéra, des toilettes dont nous croyons devoir indiquer le type général : une robe de pou de soie grise, à corsage montant, boutonné par des rubis, dont les basques, fendues sur la hanche, étaient gar-nies d'une touffe de nœuds cerise. Sur les cinq volants de la robe

il y avait un ruban de la même couleur, posé à plat et arrêté par
un nœud à bouts tombants.

Les corsages à la Vierge, les corsages Pompadour, les corsages
Watteau avec garniture de dentelles, de velours, de fleurs, de
rubans ruchés, papillonnés, mis à plat, obtinrent le plus grand
succès.

A tout prendre, les élégantes préféraient de beaucoup les
« corps » du dix-huitième siècle aux tailles courtes qui avaient paru
dans les premières années du dix-neuvième. Elles imitaient plutôt
l'ancien régime que les commencements du nouveau.

Pour la garniture des jupes, dans les robes de grandes soirées,
on revint à la mode du temps de Louis XVIII. De gros bouffants
de mousseline ou de tulle, disposés en biais, montèrent presque
jusqu'au genou. De distance en distance, dans les crénelures des
bouffants, quelques papillons de petits rubans produisaient l'effet
le plus charmant.

Le nombre des couleurs d'étoffes fut très-considérable. Il y eut
la « nuance Théba », marron-jaune ou aventurine, que l'impératrice aimait, assure-t-on, et que les dames les plus autorisées, sous
le rapport des modes, ne manquèrent pas de faire adopter.

Mais la « nuance Théba » ne dura pas plus longtemps qu'il ne
convenait à des élégantes continuellement en quête de nouveautés.

Généralement on voulait des étoffes à couleurs claires, et l'on
passa avec une rapidité incroyable par toutes les nuances.

Avait-on aperçu l'impératrice Eugénie traversant le bois de Boulogne, vite on s'ingéniait de reproduire fidèlement son costume.
Avait-on assisté à un bal des Tuileries, on rêvait pendant plusieurs
jours aux toilettes transcendantes qui s'y étaient présentées.

Quelques notabilités, parmi les dames de la cour, semblaient
faire loi, et parfois rivalisaient avec la souveraine.

CHAPITRE XXVI

RÈGNE DE NAPOLÉON III

(SUITE)

185? A 1855

La crinoline inaugure la deuxième période des modes impériales. — Règne de la crinoline. — Jupons empesés. — Jupons baleinés. — Cercles d'acier. — Deux camps se
forment, pour et contre la crinoline. — Jupons amidonnés. — Cols énormes. — Fichu
et mantelet Marie-Antoinette. — Exposition de 1855 : châles cachemire. — Cachemire pur. — Châle hindou cachemire. — Châle hindou laine. — Châle « mouzaïa ».—
Burnous algériens. — Ombrelles Pompadour. — Ombrelles droites. — École d'éventails. — Éventail de la reine d'Oude. — Fichu Charlotte Corday.

La crinoline parut! Elle ressuscita l'époque des paniers. Elle fut
disgracieuse. La crinoline gondolait dans le bas des robes en larges tuyaux d'orgue inégaux, confectionnés avec du crin.

« La crinoline n'est convenable, s'écria une femme d'esprit,
que pour des sacs à raisin et des cols de militaires. »

D'incessantes critiques attaquèrent vigoureusement la crinoline,
grâce à laquelle une femme s'asseyant en chemin de fer, par exemple, devait forcément ramener les volants de sa robe dans l'espace qui lui était loué. Une hanche de crin ne cessait d'abriter
son voisin ou sa voisine, pendant tout le voyage. Le voisin
ou la voisine murmuraient, mais très-bas, très-bas, de peur de
déplaire.

Il y avait bien d'autres moyens de soutenir les volants. Ne pou-
vait-on pas adopter des jupons empesés, des jupons à volants, des
jupons à trois étages, en gros calicot? Le crin n'avait pas seul la
vertu souveraine pour gonfler les habillements.

Malgré ses ennemis, ou plutôt, à cause de ses ennemis peut-être, la crinoline ne tarda pas à régner en maîtresse absolue. Nombre de femmes, après avoir déblatéré contre les « horribles crinolines », acceptèrent les jupons empesés, les jupons à volants, plus gracieux que le crin, mais encore très-embarrassants. L'essentiel était d'augmenter la corpulence.

Quelques vraies élégantes inventèrent un jupon balciné, qui ressemblait assez à une ruche d'abeilles. Toute l'ampleur se pavanait sur les hanches ; le reste tombait droit. D'autres préférèrent les cerceaux, arrangés comme des cercles de tonneaux. Les plus modestes firent doubler leurs volants de grosse mousseline roide, leurs ourlets de bandes de crinoline, et elles s'affublèrent de quatre ou cinq jupons empesés, à baguettes, à carreaux, etc.

Quant aux cercles d'acier, qui ne tardèrent pas à se répandre, non-seulement ils étaient affreux, mais ils ballottaient de droite et de gauche. Souvent, vu leur peu de longueur, ils laissaient, dans le bas, la robe rentrer en dedans. En passant, les dames voyaient les hommes légèrement sourire.

La plus grave question politique du jour ne passionnait pas plus les Français que la question de la crinoline ne passionnait les Françaises. Deux camps se trouvaient en présence. Dans l'un, les adversaires de la crinoline jetaient feu et flamme ; dans l'autre, les soutiens de cet ajustement se fondaient sur l'exigence de la mode, dont il leur paraissait impossible de ne pas suivre aveuglément les caprices. D'ailleurs, on avait pris l'habitude de la crinoline, et ceux qui lui gardaient rancune acquéraient la réputation de mauvais plaisants, de gens à préjugés, de frondeurs obstinés.

Toutefois, si l'on ne renonçait pas aux jupes ballonnées, on abandonna peu à peu les cages et les cerceaux, pour les remplacer par plusieurs jupons amidonnés.

Cette modification combattit le ridicule des crinolines. Il fallut plusieurs années pour opérer un changement que le simple bon goût eût dû amener depuis l'apparition du crin, des baleines et des ressorts d'acier.

Durant la vogue des jupons qui ressemblaient à des ballons, les dames adoptèrent de très-grands cols, auxquels elles donnèrent tous les noms historiques rappelant les règnes de Louis XIII et de Louis XIV, rappelant Anne d'Autriche, Cinq-Mars, Mlle de Mancini et les mousquetaires.

Une crinoline immense et un col énorme constituaient le principal du vêtement. Le reste venait par surcroît, se perdait dans la masse ambulante pour laquelle les trottoirs de la capitale étaient beaucoup trop étroits.

En même temps, le fichu Marie-Antoinette, en noir ou en blanc, pourvu de deux volants de dentelle, croisant sur la poitrine et venant nouer par derrière à la taille, se partagea la vogue avec le corsage en dentelle noire. Tous deux figuraient avantageusement sur des robes décolletées. Les plus belles dentelles trouvaient ainsi leur emploi, au lieu de rester dans les armoires de famille.

Au reste, le souvenir de Marie-Antoinette fit éclore toutes sortes d'objets vestimentaires. Outre le fichu, nos grandes dames adoptèrent le canezou et le mantelet Marie-Antoinette. Le canezou avait des pans s'arrêtant à la taille ; le mantelet avait des pans attachés sous le bras. Rien de plus léger, ni de plus gracieux.

La voilette impératrice obtint un succès de longue durée. Il en existait en tulle point d'esprit avec une haute blonde froncée. D'autres étaient entourées d'une résille écossaise, et ne cachaient que peu ou point le visage.

Une année après l'exposition universelle de 1855 à Paris, les châles cachemire figurèrent ordinairement dans les riches toilettes d'hiver. Jamais l'usage du châle n'avait été aussi complétement adopté, même du temps de Ternaux.

Outre les cachemires de l'Inde, on fabriqua des châles de Paris, des châles de Lyon et des châles de Nîmes, la plupart en très-belle qualité, et de tissus qui ne le cédaient en rien aux tissus de l'Orient.

Le cachemire pur avait la chaîne et toutes les matières tissées et lancées en duvet de cachemire ; le châle hindou cachemire se faisait avec les mêmes matières que le cachemire pur, à l'exception de la chaîne, qui était en soie fantaisie retorse à deux bouts ; le châle hindou laine se composait d'une chaîne semblable à celle de l'hindou cachemire, mais dont la trame et le lancé étaient en laine plus ou moins fine.

Vers la fin de l'été, quand les soirées devenaient un peu plus fraîches, on remplaçait les mantelets et les basquines par le châle « mouzaïa » ou tunisien. Ce châle était en bourre de soie, le plus souvent à raies de deux couleurs. Il s'en fabriqua de fort jolis, blancs et bleus, dont les rayures reproduisaient les châles d'Afrique.

Le burnous algérien, avec glands en poil du Thibet, était fort employé pour spectacles, concerts et sorties de bal. Nos dames ressemblaient de loin à des Arabes, et leurs épaules étaient garanties du froid.

Les burnous, avec pèlerines formant un peu la pointe, se nommaient « manteaux impératrice ». Il y en avait en peluche, en fourrure de Sibérie, en velours écossais. Le succès des manteaux impératrice fut universel ; la France et l'Europe entière adoptèrent ce vêtement, aussi commode que gracieux.

La même année, on délaissa les ombrelles droites, pour adopter les ombrelles à manche brisé, principalement celles que l'on faisait en moire antique unie à bordure, avec garniture d'effilés ou de volants pareils. C'étaient des ombrelles « à la Pompadour », de plus en plus luxueuses. On les recouvrit de chantilly, de point d'Alençon, de guipure ou de blonde. Il y en eut aussi de brodées au passé, or et soie.

La plupart étaient en moire antique ; toutes avaient doubles volants découpés. Les manches étaient généralement en ivoire mélangé de corail. Peu à peu on vit moins de dessus en dentelle, sans doute à cause des fréquentes déchirures qui s'ensuivaient.

Les ombrelles négligées avaient des manches en palmier ou en bambou ; les ombrelles plus riches, munies de manches en corne de rhinocéros, en ivoire vert ou en écaille, avaient une boule ou pomme en corail, en cornaline et en agate. Toutes les bourgeoises se contentèrent de ces ombrelles pour les courses du ménage.

On ne tarda pas à revenir aux ombrelles droites, qui rivalisèrent avec les petites « marquises » ou « duchesses ». Les élégantes en eurent de très-riches en moire blanche ou de couleur, doublées de bleu, de rose ou de blanc, avec manche en bois des îles, écaille incrustée d'or, corne de rhinocéros. A la campagne, on les fit en batiste écrue ; on les doubla de taffetas de couleur.

L'ombrelle était maintenant indispensable, car les grandes voies laissaient trop de place au soleil.

Un autre objet complémentaire de la toilette se multipliait. Le goût pour les éventails devint si répandu, surtout chez les demoiselles, qu'un plaisant s'avisa de proposer la fondation d'une école pour apprendre à celles-ci la manière de jouer de l'éventail.

D'après le rudiment offert aux soi-disant élèves, les commandements étaient : « Préparez éventail. » On le prenait, on le tenait à la main. Au commandement de : « Déferlez éventail, » on l'ouvrait peu à peu, on le refermait et on le rouvrait.

Les Françaises se servirent de cet objet aussi adroitement que les Espagnoles. Une élégante se munissait d'ailleurs et se servait très-gracieusement de tous les accessoires du costume, pour les visites et pour la promenade — de l'éventail, de l'ombrelle, du mouchoir, du flacon, du porte-visite et du porte-monnaie.

On parla beaucoup, en 1859, de l'éventail que la princesse Clotilde acquit dans la succession de la reine d'Oude, éventail en soie blanche, richement brodé d'émeraudes et de perles fines ; dont le manche, en ivoire et or, était splendidement orné de rubis et de dix-sept diamants de la plus belle eau.

Mais, sans être aussi somptueux, beaucoup d'éventails méritaient de figurer parmi les belles œuvres d'art de l'époque, parce qu'ils étaient peints délicieusement, en imitation des toiles de Watteau, de Lancret et de Boucher.

Signalons encore, pour 1859, une variation de la mode. Au fichu Marie-Antoinette succéda le fichu Charlotte Corday, formant une sorte de draperie, se relevant un peu sur les épaules et se nouant sur le devant. Le fichu Charlotte Corday fut plus générale-ment adopté par les bourgeoises ; dans le grand monde — pour employer une expression vieille, mais consacrée — bien des dames gardèrent le fichu Marie-Antoinette, dont l'impératrice Eugénie se revêtait le plus souvent, et qui à diverses reprises a été porté par les élégantes du deuxième empire.

CHAPITRE XXVII

RÈGNE DE NAPOLÉON III

(suite)

1855 a 1860

Bains de mer et villes d'eaux. — Toilettes spéciales. — Sac de voyage. — Capelines et châles de laine. — Bottines en chevreau et en satin; les talons hauts. — Apparition du «several» et de la « Ristori ». — Mouchoirs luxueux. — Raccourcissement des tailles. — Vestes zouaves, turques et grecques. — Tours de tête. — Dorures partout et sur tout. — Tarlatanes, tulles et dentelles.

Ce n'est pas uniquement dans les choses ordinaires de la vie que la mode se manifeste. Elle agrandit son cercle, fréquemment, par suite d'une habitude nouvelle, ou tout au moins d'une habitude développée.

Un fait exceptionnel suffit à déterminer quelques-unes de ses variétés.

Depuis de longues années, la société française fréquentait les villes d'eaux. Pendant le second empire, les villégiatures aux bains de mer et dans les villes d'eaux augmentèrent d'une façon excessive. La foule des élégantes se porta vers Dieppe, Trouville, Pornic, Biarritz, etc.; vers Vichy, Plombières, Bagnères, etc.

Ces séjours temporaires ne pouvaient soustraire personne au joug de la mode. Aussi les costumes les plus fantaisistes et parfois les plus bizarres se produisirent pour femmes, pour jeunes filles et pour enfants.

Puis, ce qui avait obtenu du succès aux bains conserva quelques enthousiastes à Paris, dans le courant de l'hiver qui suivait la saison des bains. Des plages, certains costumes vinrent aux villes. Les casaques, les capuchons, les capelines firent leur entrée à Paris, sinon pour les grandes dames, au moins pour les modestes bourgeoises et pour les ouvrières.

Le sac de voyage, notamment, s'implanta d'une manière générale en France, et il se transforma parfois en petit nécessaire.

Aux eaux, le luxe se développa outre mesure. Sur les plages, les dames se promenaient dans des toilettes excessivement somptueuses. Ce n'était que robes de soie brochée ou lamée d'or et d'argent. On se fût cru, la plupart du temps, au bal des Tuileries ou dans des soirées ministérielles.

La mode se trouvait moins à Paris qu'à Dieppe, à Trouville et à Biarritz, où toujours rayonnait quelque étoile du beau monde parisien.

En 1861, il se fit beaucoup de capelines en batiste écrue, doublées et garnies de rubans de taffetas de nuance claire. De plus, il y eut des capelines de mousseline doublée de transparents de soie rose, bleue ou mauve; puis des capulets en laine ornés de velours noir.

Les baigneuses portèrent des châles de laine tricotée, blancs, avec volants rouges, parce que ces châles étaient à la fois chauds et légers.

Capelines et châles de laine apparurent, l'hiver suivant, dans la capitale : la bourgeoise pour se rendre au marché, l'ouvrière pour livrer son ouvrage, en adoptèrent l'usage. Mais cette mise, trop sans façon, ne dépassa pas les limites de la bourgeoisie; aucune dame, en toilette habillée ou pour fréquenter seulement une promenade, n'eût voulu mettre une capeline sur sa tête ou un châle de laine sur ses épaules. De pareilles fantaisies n'étaient tolérées que sur les bords de la mer et près des eaux thermales.

L'idée de se servir, dans les villes, des vêtements que les riches citadins mettaient dans leurs campagnes, pénétra fort avant parmi les gens qui recherchent la commodité, préférablement à l'élégance. Les chapeaux de paille à larges bords, les guimpes légères, les peignoirs ajustés obtinrent une vogue durable.

Dès l'année 1858, les Parisiennes, et bientôt toutes les Françaises, adoptèrent les bottines en chevreau pour la pluie, avec petits bouts vernis et élastiques; pour le beau temps, elles chaussèrent les bottines en satin français avec ou sans bouts vernis et élastiques. Toutes les chaussures étaient noires. La mode des bottines en bleu et en marron avait passé. Pendant les chaleurs, néanmoins, on revoyait les bottines grises. Elles avaient des talons assez hauts, qui depuis ont encore augmenté de hauteur, si bien qu'on se demande comment les femmes pourront, à la fin, se tenir en équilibre.

Généralement, les bottines étaient entièrement faites de chevreau; moins fréquemment elles étaient en vernis. Les plus élégantes, piquées, mi-parties en vernis et chevreau, se laçaient sur le dessus du pied.

Ajoutez à ces bottines les mules, les souliers à cordons bouffants ou à boucles, même les sandales modernes, très-gracieusement conditionnées, mais dont l'usage resta exceptionnel.

Alors parut une nouveauté excentrique, le « several », c'est-à-dire *plusieurs,* en anglais.

Le several renfermait en lui-même sept confections diverses. Selon la manière dont il était disposé, il représentait tantôt un burnous, tantôt un long châle, tantôt un mantelet-châle, tantôt une écharpe, tantôt une « Ristori », tantôt une basquine demi-longue. Le several, quoique breveté, quoique d'un prix modéré, ne dura pas longtemps. La Ristori, en particulier, cessa d'être portée dès que la célèbre Italienne dont elle avait le nom eut quitté notre pays.

Les mouchoirs étaient ronds, les uns à vignettes de couleur, les autres à carreaux mats et à jours, ou avec ourlets à la religieuse; les autres, enfin, ornés d'entre-deux de valenciennes entremêlés de biais de piqûre.

Le luxe des mouchoirs n'était pas nouveau; jamais pourtant, jusqu'alors, on ne les avait confectionnés avec un soin si remarquable, jamais on ne les avait enrichis de si précieuses dentelles, de si délicates broderies.

Les dames et les demoiselles brodaient elles-mêmes leurs mou-

13

choirs, et faisaient de ces œuvres des bijoux véritables, de petites merveilles d'art.

Presque soudainement, en 1859, les tailles se raccourcirent, et beaucoup de femmes purent craindre que l'on n'en revînt complétement aux tailles de l'Empire — qu'elles regardaient comme l'âge de fer de la toilette.

Le costume le plus généralement admis, pendant cette année, comprenait une robe à manches dites « pagodes », vert foncé, avec des garnitures nombreuses et un large ruban qui tombait sur le devant de la robe; un chapeau blanc bordé de vert, avec un bavolet blanc et des rubans aussi bordés de vert, avec de jolies fleurs artificielles, notamment avec des marguerites.

Leurs craintes ne se réalisèrent pas; le bon goût général l'emporta sur cette fantaisie étrange, qui consiste à reprendre des modes anciennes lorsque ces modes ont donné lieu, quand elles existaient, à des critiques judicieuses sous lesquelles elles ont succombé.

D'ailleurs, pendant cette année 1859 et pendant celles qui suivirent, les vestes « zouaves, » « turques » et « grecques » firent fureur, ainsi que les « Figaros » et les « Ristoris ». Nos dames trouvaient, trouvent encore les vestes très-commodes, séantes dans leur négligé.

L'été, elles furent en mousseline; l'automne, en cachemire ou en drap. Les unes, noires, étaient brodées de soutache de plusieurs nuances, genre algérien; les autres, en couleur, étaient de nuances tranchantes, soutachées de noir. Quelques-unes étaient soutachées d'or. On s'en servit beaucoup à la campagne.

Il était presque impossible que la veste s'accordât avec la taille très-courte. Or, comme la veste se faisait remarquer par la grâce charmante, elle contribua au maintien des tailles longues, adoptées encore à l'heure où nous écrivons.

Parmi les accessoires de la toilette, les tours de tête, composés de ruches ou de torsades, étaient fort employés. Les résilles obtenaient un immense succès; les unes avaient de petits biais de velours; les autres avaient des boutons et des boucles dorés.

Peu après, les dorures revinrent sérieusement de mode. On en mit partout et sur tout. Les chapeaux eux-mêmes eurent des boucles d'or ou des semés de pois d'or. Les vêtements pour la rue n'en furent point exempts : on les borda de lisérés d'or. On y mit des bouquets d'oreille-d'ours en or, des épingles doublées en or avec chaînettes, et souvent de grosses boules d'or. Pour sorties de bal, on adoptait les burnous arabes tout blancs, lamés d'argent et d'or.

Les fabricants vendirent des tarlatanes semées de losanges en velours noir avec pois d'or au milieu ; des tulles avec semis d'étoiles d'or ; des tarlatanes avec gros pois de poudre d'or ou avec rayures d'or. Pour ornements, on adopta des dentelles ou des torsades d'or.

Tout justifiait le succès des tarlatanes, pour les bals et les soirées. Aussi ces légères étoffes n'ont-elles pas cessé de plaire aux femmes les plus élégantes.

CHAPITRE XXVIII

RÈGNE DE NAPOLÉON III

(SUITE)

1860 A 1862

Les modes en 1860 et en 1861. — Bijouterie. — Forme du « chapeau russe ». — Nomenclature des ceintures. — Coiffures diverses. — Couronne « à la Cérès ». — Fleurs et feuillages sur la tête. — Proscription des étoffes vertes. — Anecdotes de l'*Union médicale* et du *Journal de la Nièvre*. — Vêtements de drap lisse et de soie gros grain. — La soutache et l'astrakan. — Quatre modèles de chapeaux. — Chapeaux négligés.

Au besoin, quand notre tâche est près d'être achevée, nous pourrions compter sur les souvenirs de nos lectrices. Nous voici arrivés à l'époque contemporaine ; nous touchons à l'actualité.

En 1860, les dames ne manquèrent pas de mettre encore à leur cou, comme en 1840, des colliers, des médaillons, des croix d'or ou de diamants suspendus par un velours ou une chaînette d'or. Les plus riches portaient des colliers avec plaque de pierreries séparées un peu entre elles ou avec de grosses perles d'or posées trois par trois, formant poires et terminées par une pointe d'or.

A quelques variantes près, tous ces objets sont toujours regardés comme le complément des toilettes féminines. Mille inventions des bijoutiers ont seulement modifié la forme des colliers, des médaillons et des croix.

Nous en pouvons dire autant des boucles, des montres, des chaînes de montre, des boutons, des bracelets ; en un mot, de tous les affiquets dorés que la mode a admis tour à tour.

La même année, les dames les mieux mises portèrent, aux eaux, le « chapeau russe » pur sang, si l'on peut dire ainsi — en paille belge, très-haut de fond, ayant des bords tout à fait relevés et couverts de velours, de forme complétement ronde, comme une assiette, et orné au milieu d'un chou surmonté d'une aigrette dépassant le fond du chapeau.

Hormis le chapeau russe, rien de typique ni d'essentiellement original dans la toilette. Les modistes et les couturières perfectionnent certains détails et, comme toujours, quand elles n'inventent pas, elles s'efforcent de ressusciter, ne fût-ce que pour un temps très-court, quelques parties de l'habillement français.

Les ceintures, en 1860, étaient fort variées. Traçons leur nomenclature : ceintures longues, fort larges, rappelant la robe par ses dispositions ; ceintures longues unies, avec bouts terminés par des quadrillés de velours et des effilés ; ceintures courtes en cuir de Russie, d'Allemagne, avec broderies au passé, soutache d'or et perles. En 1861, une large ceinture dite « Médicis », en velours, convenait aux belles toilettes.

La ceinture, depuis ce temps, a pris des développements immenses en souvenir du vêtement national des Alsaciens et des Lorrains.

Déjà, on le voit, les ceintures de toute sorte font pressentir celles de métal que l'on porte aujourd'hui.

Comme coiffures, en 1861, il y avait des cercles d'or, droits ou formant diadème, ce qui convenait admirablement aux chevelures brunes. Les gros peignes d'or, avec fort anneau pour retenir les cheveux ; les couronnes de velours mélangé de perles d'or ou de boutons d'or ; les torsades de velours avec aigrettes ; les coiffures avec plumes placées sur le haut du front, les touffes de fleurs, les nœuds de velours et les couronnes « à la Cérès », eurent beaucoup de succès.

Les modèles les mieux réussis étaient la coiffure en roseaux très-larges, avec bouquet de sorbier et de troëne sur le sommet de la tête ; la couronne de houx, fruits et feuilles ; la couronne de chêne, glands en or, avec aigrette d'or sur le milieu ; la couronne d'hortensias bleus ; la couronne de bluets, avec épis de blé au milieu, s'avançant sur le front comme la « Cérès ».

Ces coiffures nous semblent à peu près les dernières qui aient été disposées avec ordre, et dans lesquelles le talent du coiffeur ait pu véritablement se distinguer.

La mode des faux cheveux et des cheveux teints va bientôt reparaître, et nos dames appliqueront ce principe, qu'« un beau désordre est un effet de l'art ».

Un fait curieux préoccupa la société parisienne, en 1861 : les femmes se prirent à mettre de côté toutes les étoffes vertes.

Voici pourquoi. Un journal spécial, *l'Union médicale,* annonçait :

« Une jeune dame, qui était allée à une soirée, parée d'une robe de satin vert clair, fut prise, après avoir dansé plusieurs contre-danses, de sensations d'engourdissement et de faiblesse des membres inférieurs, de resserrement de la poitrine, de vertige et de douleur de tête, et fut obligée de quitter le bal. Les symptômes s'amendèrent graduellement, mais le sentiment de faiblesse des extrémités abdominales persista jusqu'au troisième jour. Aucune cause particulière, telle que des vêtements trop serrés, etc., n'ayant pu être découverte, les soupçons se portèrent sur la couleur dont la robe était teinte, et l'analyse chimique y fit constater la présence d'une grande quantité d'arsénite de cuivre. Dans l'opinion du professeur Blasius, il peut, dans les mouvements de la danse, s'élever d'une robe, surtout aussi ample que le veut la mode régnante, une assez grande quantité de poussière contenant de l'arsenic pour donner lieu, étant absorbée à la surface pulmonaire, aux symptômes de l'empoisonnement arsenical. »

D'autre part, on lisait dans le *Journal de la Nièvre :*

« Des ouvrières couturières demeurant à Nevers avaient été chargées de confectionner une robe en tarlatane verte. Pour l'ornement de cette robe il avait été déchiré plusieurs bandes de la même étoffe, destinées à faire des ruches ; ce déchirement avait produit l'émanation d'une poussière qui, s'attachant à la figure et s'introduisant par le nez et la bouche jusque dans les intestins, avait causé aux unes des coliques et aux autres des boutons au visage... »

De même que les papiers peints verts, les étoffes vertes dégageaient une poussière pernicieuse. Les femmes proscrivirent avec raison le vert, jusqu'à ce que, par des procédés chimiques, on fût parvenu à remédier aux inconvénients signalés par *l'Union médicale* et par le *Journal de la Nièvre*.

Elles voulaient bien « souffrir pour être belles », se serrer la taille, emprisonner leurs pieds dans des chaussures trop étroites, et risquer la fluxion de poitrine en admettant les robes décolletées; mais elles ne voulaient pas mourir par le poison des étoffes vertes —d'autant moins que le vert n'est pas, pour la plupart des femmes au teint pâle, une couleur fort avantageuse.

Afin de résister aux rigueurs de l'hiver, elles se décidèrent à porter des vêtements de drap lisse ou de soie gros grain, bien que ces vêtements les fatiguassent par leur lourdeur.

On bordait ces confections avec de la grosse soutache. Quelques-unes étaient littéralement couvertes de broderies et, par conséquent, coûtaient un prix énorme. L'astrakan, vrai ou faux, servait pour toutes espèces de paletots.

Long devait être le règne de la soutache et de l'astrakan. Ces deux accessoires n'ont pas encore abdiqué. A tout instant on les emploie, on les accorde avec une création nouvelle de vêtement, qu'ils historient de la façon la plus agréable, sans augmenter son prix de vente.

Voici quels étaient les modèles de chapeaux les plus fashionables, où les plumes brillaient comme principal ornement, où se voyaient des fleurs en velours, des choux, des coquilles, des nœuds de dentelle noire et de blonde blanche :

1° Chapeau en velours plain, bleu royal, avec écharpe de tulle blanc, entourant les bords de la passe;

2° Chapeau en velours noir, avec écharpe de tulle blanc, entourant la calotte et retombant sur le bavolet;

3° Capote en satin groseille des Alpes, recouverte de tulle, avec des nœuds sur le côté ;

4° Chapeau en velours orange, avec fond mou et passe de tulle blanc, ayant sur le bord une couronne de fleurs.

Pour chapeaux demi-négligés, on mettait en œuvre le crin, la paille belge et la paille de riz.

Presque point de changements dans la chaussure, représentée tout entière par la bottine en cuir ou en satin turc.

Pour aller au bal, en 1861-1862, les Parisiennes affectionnaient les robes roses avec dentelles, transparentes par-dessus et garnies de fleurs. Sur leur tête elles plaçaient une touffe de roses qui jetaient un vif éclat et donnaient à leur toilette une grâce remarquable. La fleur artificielle faisait des progrès incessants depuis l'exposition universelle de 1855.

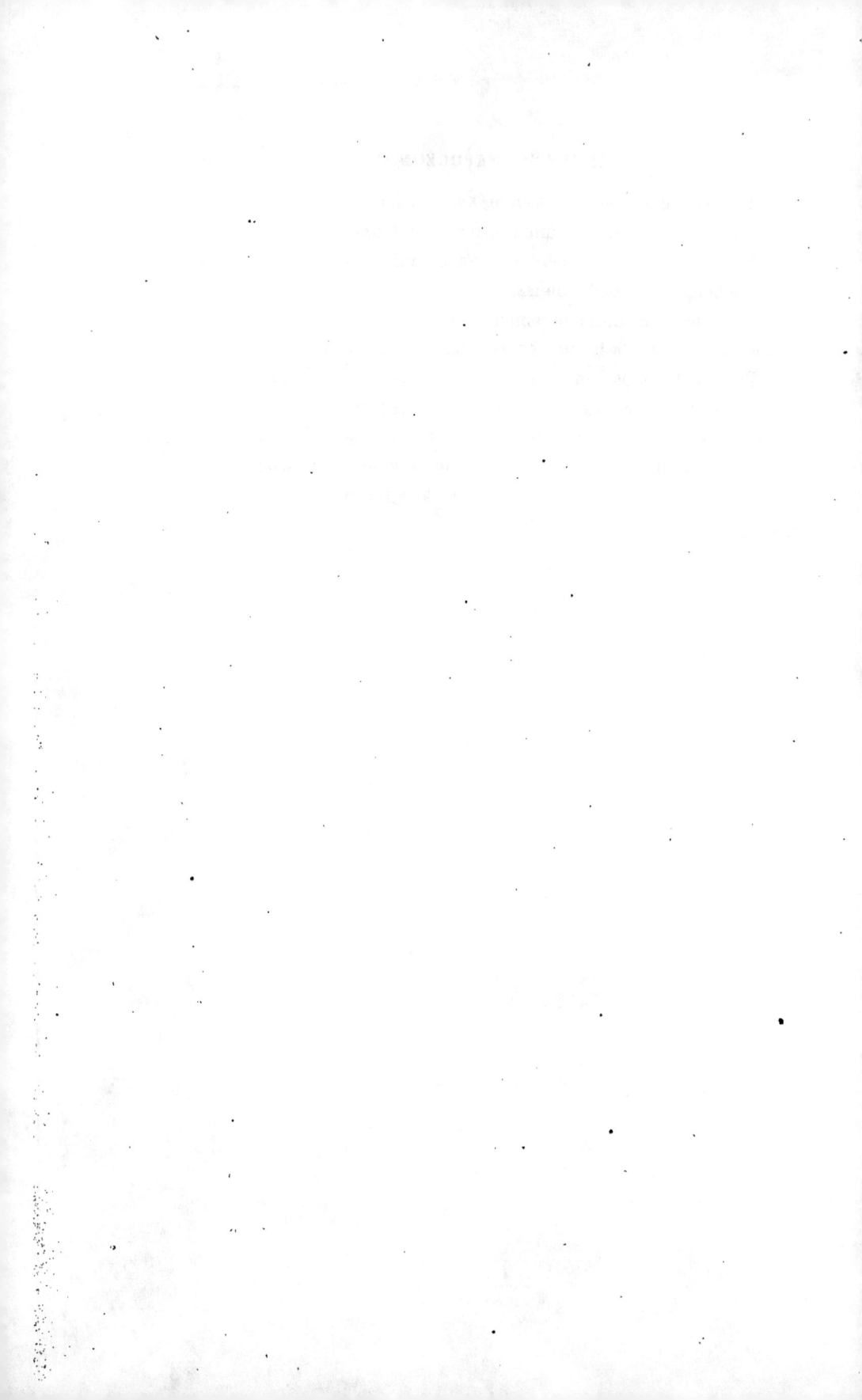

CHAPITRE XXIX

Ombrelles, en-tout-cas, *métis*, en 1862. — « Marins, vareuses et saute-en-barque. » — Robes princesse ou demi-princesse; corsage suissesse ; ceinture corselet ou postillon. — Paletot Lydie, pardessus Lalla-Rouck, sortie de bal la Vespertina. — « Long-champs est mort.» — Chemises russes ou Garibaldi. — Paletot-gilet. — Ceinture impératrice. — 1,885 brevets d'invention pour les modes, en 1864. — Cage Victoria, corset indien, porte-trains. — Cheveux «nuance Titien».— Le *peplum* de 1866.— Ressorts *épicycloïdes*; boucles d'oreilles *aquarium*. — Description d'une robe de bal, à la cour. — Modes Louis XV, Louis XVI et Empire, reparaissant. — Chaises à porteurs. — Mouchoirs de tous prix.

Dans notre pays de France, toujours si pluvieux, bien souvent les femmes sortaient avec leur ombrelle, par le plus beau soleil du monde ; puis, chemin faisant, elles se voyaient assaillies par un orage épouvantable, qui gâtait en un instant toute leur toilette.

Comment parer à ces gros malheurs?

Les fabricants avaient imaginé l'« en-tout-cas », servant également contre la pluie et le soleil. Ils firent même, en 1862, des ombrelles que l'on aurait pu appeler «métis», qui tenaient de l'en-tout-cas et de l'ombrelle, et dont l'usage avait lieu aussi bien en temps de pluie que par un soleil ardent.

Disons que, de jour en jour, la désinvolture des dames devint plus visible, leur élégance moins apprêtée et moins sévère.

En 1862, les petits paletots dits « marins», « vareuses», « saute-en-barque », se portent non-seulement dans les voyages et à la cam-

pagne, mais aussi dans les villes, à la promenade. Ils se font en
drap léger, en étoffe anglaise, en popeline de soie, en alpaga, en
taffetas noir, avec force ornements de passementerie — car la
passementerie ne perd jamais son droit, parce qu'elle sert les inté-
rêts des couturières.

En même temps que ces vêtements fantaisistes, on voit des
robes joliment faites, soit à petites pointes, à ceinture courte ou
longue, soit à forme « princesse » ou « demi-princesse ». Le corsage « suissesse » continue à être adopté. Il y a la ceinture « corselet » et la ceinture « postillon ».

Ces différents noms nous dispensent de commentaires. On se
figure aisément la grâce de ces robes, de ces corsages et de ces
ceintures ; on comprend qu'il s'agit là des costumes « à caractère »,
n'ayant pas toujours une origine française.

Beaucoup de vêtements sont inspirés par des caprices, et aussi,
comme toujours, par le désir d'honorer tel succès littéraire, mu-
sical ou dramatique.

En effet, les journaux de modes vantent singulièrement, en
1863, le paletot « Lydie », le pardessus « Lalla-Rouck » et la « Vespertina », sortie de bal. Vestes senoritas, en velours, taffetas,
cachemire de nuance claire et drap, tels sont les ajustements qui
jouissent de la plus grande faveur.

La facilité avec laquelle les femmes admettent maintenant les
nouveautés, sans attendre les époques où la mode s'imposait,
s'explique tout naturellement. En 1863, on s'écrie : Longchamps
est mort !

C'est la vérité : Longchamps n'existe plus. L'influence de cette
promenade traditionnelle, pendant la semaine sainte, n'a plus
aucun retentissement. A peine quelques tailleurs et couturières,
assis dans des voitures de louage, parcourent-ils encore la grande
allée des Champs-Élysées, pour montrer leurs modèles en personne.

Nous ne sommes plus au temps où le tout Paris élégant venait
exhiber les produits de son imagination en fait de modes, depuis
l'abbaye de **Longchamps** jusqu'aux Tuileries.

A présent, chaque jour le bois de Boulogne est le champ clos des luttes de toilette, et cela pendant toute l'année, aussi bien l'hiver que l'été, aussi bien au printemps qu'à l'automne.

Les promenades qui ont remplacé la solennité de Longchamps sont quotidiennes. La vogue s'attache aux objets qu'on y remarque le plus, et la qualité de la personne qui les porte est pour beaucoup dans leur succès.

Longchamps est mort... mais il a ressuscité, permanent, radieux, élégant au possible dans les promenades du bois de Boulogne.

Pour toilette de ville, en 1863, les femmes préférèrent à tout le corsage blanc d'étoffe blanche et légère, une jupe rose, rayée rose foncé ; un chapeau de paille avec des rubans noirs et quelques fleurs des champs ; un nœud de dentelle au cou, et aux poignets un bracelet de dentelle noire.

Ce qui nous frappe surtout dans les légères innovations de l'année 1864, ce sont les chemises russes ou les « garibaldis » en foulard ou en taffetas blanc, rouge, bleu, havane, brodés en soutache ou au point russe ; ce sont les paletots-gilets Louis XV, en drap anglais jaspé gris et noir. Le gilet est en étoffe pareille, ou en velours, ou en drap lisse, ou en gros grain.

Mais les chemises russes et les paletots-gilets donnent un laisser-aller qui les fait mal porter. D'autres nouveautés les remplacent bien vite.

Avec la chemise russe ou le paletot-gilet, les dames se munissent d'aumônières en taffetas, brodées de jais et retenues par des nœuds de rubans et de dentelles. Elles adoptent la ceinture impératrice, appelée encore « hygiénique », représentant un diminutif du corset à jours, en tissu élastique, lequel, à la chaleur, prend et suit tous les mouvements du corps.

Il est vraiment curieux de voir la quantité d'objets relatifs à la toilette qui se fabriquait dans l'espace d'une seule année. Quelle fécondité d'imagination ! quels besoins à contenter ! quelles espérances de fortunes commerciales basées sur la vente des modes !

Le *Bulletin des lois* publia un décret proclamant 1885 brevets d'invention pour l'année 1864. En le feuilletant, on rencontre à tout

instant une nouveauté pour toilette : appareil pour onduler les
cheveux; cage à ressorts, dite « cage Victoria »; corset à jour, dit
« corset indien »; jupon dit « porte-trains »; chapeau avec liane
guane décolorée; ombrelle plume; siége dit « siége-crinoline »;
système de vêtement multiple à transformation immédiate; chaussure en fer; genre de coiffure en vannerie; jupon à garniture
mobile; jarretière-bijou, etc.

Il existe des inventions pour tous les goûts, ainsi que l'on peut
s'en convaincre. Encore n'est-il pas question, dans cette nomenclature, des objets qui sont le travail spécial des couturières, et
dont la main-d'œuvre est considérable.

N'oublions pas non plus que l'année 1864 a laissé des traces
par l'adoption des cheveux « nuance Titien », blond vif, c'est-à-dire
jaune foncé.

Cheveux rouges et cheveux jaunes, voilà l'idéal poursuivi par
bien des dames, qui cachaient leur véritable chevelure, quelquefois d'un beau noir, ou qui la faisaient teindre pour arriver à la
nuance Titien, laquelle obtint un succès extravagant dans un certain monde.

Il y eut des couleurs de cheveux impossibles, que l'on harmo-
nisait avec les peintures — oui, les peintures — dont on se couvrait
le visage.

La foule riait bien un peu en apercevant les espèces d'idoles
qui fréquentaient les promenades. Mais les femmes tenaient bon.
Elles étaient à la mode !

Une toilette élégante, en 1865, se composait d'une robe gris-
perle, avec passementerie de même couleur; d'une ceinture noire
avec boucle d'argent; et d'un chapeau noir ayant pour ornements
des rubans ponceau.

Le « peplum » de 1866 était formé d'un petit corselet auquel
s'ajustait une grande basque carrée devant et derrière, très-longue
sur les côtés. On l'appela *peplum impératrice*.

L'adoption de ce nouveau vêtement, avec lequel la crinoline était
une anomalie, commença la chute de la crinoline. Sous ce point
de vue, il fait date dans l'histoire.

Par malheur, toutes les robes, en étoffes lourdes, furent confectionnées « à l'Empire ». On porta des robes droites par derrière, avec tournure formée de grosses côtes de melon en crin posées transversalement, ou avec un haut volant. Quelquefois, le crin était remplacé par de la mousseline roide, ou encore par de petits coussins bourrés de duvet.

Un fabricant imagina des jupons à ressorts, dont une partie se détachait à volonté ; un autre inventa un parasoleil transparent ; un troisième se fit annoncer comme auteur d'un système d'aération pour coiffure ; un quatrième enfin vendit, pour jupons, des ressorts crémaillères, dits *épicycloïdes*. La mode inventa aussi des boucles d'oreilles «aquarium», petits globes en cristal de roche suspendus à des brindilles d'algues émaillées. Dans ces globes il y avait des poissons.

Les chaînes « Benoiton », rappelant le grand succès de la pièce de Sardou, tombaient sous le menton par-dessous les brides et formaient une sorte de gourmette.

Les grands journaux de Paris décrivirent la robe de Mme R. K*** au bal de la cour :

« Robe blanche composée de bandes alternées de tulle et de satin; dessus, une jupe de tulle lamée d'argent, avec des guirlandes de roses, et semée de petites étoiles ou étincelles de velours noir; une traîne très-longue, en velours noir, bordée de satin; ceinture d'émeraudes et de diamants ; coiffure Empire poudrée d'or ; un ruban de velours noué dans les cheveux, retenant une aigrette de diamants ; *pas de crinoline.* »

Nous soulignons ces trois derniers mots. Ils étaient gros d'événements. Encore quelques années, et la crinoline aura vécu. De 1865 à 1867, les costumes sont courts et ne balayent plus le macadam, comme on disait. Mais peu après les jupes sont allongées, presque autant qu'en 1860.

Pour le bal, les toilettes Louis XV et Louis XVI et les toilettes Empire se partagèrent les honneurs. Elles devinrent bientôt de mise pour la rue, quelque excentrique que cela pût paraître. Des ruches, des plissés, des garnitures à la vieille. Le vêtement Watteau, avec les deux gros plis flottant dans le dos, disputait la vogue au bachelick, avec capuchon pointu. Les modes de chapeau étaient « Trianon », « Watteau », « Lamballe » et « Marie-Antoinette ».

Sous cette influence des costumes du dix-huitième siècle, les chaises à porteurs semblèrent devoir reparaître, pour aller à l'église ou pour les visites du matin. Mmes de La Rochefoucauld, de La Tré-mouille, de Fancènes et de Metternich en possédaient. Mais ce fut un simple caprice de grandes dames, qui ne s'étendit pas à toutes les classes, et dont le succès ne fut point de longue durée.

Les manchons restaient fort petits, en 1866 ; les plus à la mode étaient en queue de zibeline. Ils valaient un très-grand prix. Un manchon gros comme le poing coûtait environ 350 francs. Aussi les femmes à fortune modeste ou celles qui faisaient peu de dépense se contentèrent-elles d'imitations, et de la martre d'Australie, qui remplaça l'astrakan, démodé. Il y eut beaucoup de manchons en velours, avec bordure de fourrures ou de plumes.

Essentiellement utile, le manchon ne figura pas seulement dans les riches toilettes, comme autrefois. Les petites bourgeoises, les ouvrières même, à Paris, le portèrent ; et elles ont continué à le porter, inférieur en qualité, mais tout aussi efficace contre les rigueurs du froid.

CHAPITRE XXX

RÈGNE DE NAPOLÉON III

(FIN)

1867 A 1870

Cinq sortes de coiffures, en 1868-1869. — Petit catogan; trois triples bandeaux. — Coiffures dépeignées. — Toilette de la duchesse de Mouchy. — Raffinements de la mode; recueils divers. — Nuances nouvelles. — La crinoline est attaquée; elle résiste; elle succombe. — Modes à la chinoise.

Les femmes se lançaient de plus en plus dans le luxe des toilettes, dans les créations étranges de la mode. Les petits journaux, en manière de réclames, décrivaient les costumes de telle ou telle grande dame, et cette publicité ne déplaisait pas aux personnes qu'elle faisait connaître.

Comme toilette généralement goûtée, on distinguait celle qui consistait en une robe rose, avec chapeau de paille orné d'une plume blanche, avec gants jaunes et bottines gris-perle.

En 1868-1869, comme coiffures on avait adopté :

1° Les cheveux relevés sur le devant, petit catogan, grande coque au-dessus, remontante; deux grandes coques de chaque côté, papillotes au-dessus du catogan assez courtes; papillotes assez courtes de chaque côté;

2° Les cheveux relevés sur le devant sans raie, grosse coque au milieu, six plus petites autour, six grandes papillotes tombant très-bas par derrière et partant de la nuque un peu au-dessus de la dernière coque;

3° Les cheveux fixés sur le front; trois immenses coques sur le sommet de la tête, puis papillotes formant chignon en dessous;

14

4° Les cheveux relevés en racines droites et formant trois rouleaux se rejetant en arrière ; un catogan et trois coques en dessous ; un seul grand repentir ondulé et non frisé ;

5° Trois triples bandeaux relevés sur le devant ; petit catogan entouré de trois rangées de nattes ; trois grandes papillotes retombant derrière.

Les coiffures en cheveux étaient élevées, volumineuses, compliquées. Elles étaient surtout *dépeignées*. Les cheveux pendaient éperdus, plus que jamais en désordre, moins pourtant qu'aujourd'hui.

Les robes avaient des accessoires fort coûteux et fort beaux. On se para beaucoup de pierres précieuses et de perles. En 1869, la duchesse de Mouchy porta, au bal de Beauvais, pour un million cinq cent mille francs de diamants. Sa toilette se composait d'une robe à traîne en gaze blanche avec un semis d'argent ; une seconde jupe courte, en soie raisin de Corinthe, formant tablier ruché, avec corsage très-bas, coupé carrément, soutenu par des épaulettes étincelantes de pierreries. Une espèce d'écharpe de fleurs à feuillage argenté, prenant de l'épaule, retombait en biais sur la jupe.

Tantôt à Compiègne, tantôt dans les appartements des Tuileries, ces étincelantes toilettes étaient admirées, et, le lendemain d'une fête, les journaux à *reporters* se complaisaient à décrire minutieusement les mises les plus recherchées.

Pendant plusieurs années, et sans que l'on pût constater des nouveautés bien caractéristiques dans le costume, la question de la mode ne cessa d'être à l'ordre du jour ; les dames s'en occupèrent plus que jamais, et les hommes s'y intéressèrent vivement. Il y eut assaut de coquetterie entre les Européennes.

Des recueils périodiques nouveaux, spécialement consacrés à la mode, parurent en France et à l'étranger. Les journaux donnaient satisfaction à un besoin réel, dans les groupes où beaucoup d'objets de toilette sont confectionnés par les membres d'une même famille.

Puis, le goût des beaux ajustements se répandait de plus en

plus dans toutes les classes de la société. Les délicatesses de formes vestimentaires s'imposaient chaque jour davantage, et les moindres variantes étaient adoptées.

Pendant le deuxième empire, les nuances Magenta, Solferino, Shang-Haï et Pékin se succédèrent, à peu près dans l'ordre chronologique où les expéditions militaires avaient été accomplies avec des résultats heureux.

Nos succès en Italie étaient ainsi célébrés par les Françaises, qui ne dédaignaient pas de rappeler aussi la prise de Pékin et le traité fameux de Shang-Haï.

Bientôt un changement très-considérable eut lieu dans la coupe des robes. Comme cela était arrivé si souvent, on alla d'un extrême à l'autre, on remplaça les ballons par des sacs.

Lorsque, en 1869, il fut question d'abandonner la crinoline, les légistes· de la mode tinrent conseil. Les uns déclarèrent que le règne de la crinoline devait finir, à cause de ses abus ; les autres se mirent à observer : on marche si mal aujourd'hui sur de hauts talons, que la crinoline est nécessaire et durera, car elle soutient bien les robes.

Ceux-ci triomphèrent d'abord. On se contenta de modifier la crinoline. On fit des jupons en crin blanc avec rouleaux en bas, et rouleaux en haut vers la partie du dos seulement.

Mais, en fin de compte, la crinoline devait périr, ne fût-ce que parce qu'elle avait longtemps duré. A diverses reprises, on lui avait porté des coups sensibles, et ses admiratrices commençaient à s'apercevoir de ses abus et de ses incommodités.

La crinoline ne résista pas à de nouveaux chocs.

Elle succomba une bonne fois ; pouvons-nous dire pour toujours? Depuis, certaines femmes ne regrettent-elles pas la crinoline, donnant de l'ampleur au corps?

On la remplaça par les jupes à la chinoise, par des jupes extrêmement serrées aux hanches, absolument semblables à celles dont se revêtent les habitants de Pékin ou de Canton. La transition fut brusque, soudaine, et parut cependant la plus naturelle du monde.

Avec les jupes serrées, on adopta des accessoires inspirés par les costumes chinois ; jusqu'à un certain point, bien entendu, nos dames acceptèrent cette mode, qui, depuis quelque temps déjà, a subi des transformations successives, en cédant la place aux poufs et aux tournures que nous voyons encore.

Napoléon III
1865 à 1870

HISTOIRE DE LA MODE

Modes d'aujourd'hui
1870 à 1875

CHAPITRE XXXI

MODES D'AUJOURD'HUI

1870 A 1873

Année 1870-71. — Siége de Paris. — Deuil général. — Simplicité, économie. — Velours parisien et pékin. — Une toilette de concert. — Costume de drap. — Nœuds et costume alsaciens. — Soirées de la Présidence. — Chapeaux Marie Stuart et Michel-Ange. — Bas de chasse. — Chapeaux Rabagas. — Année 1872-73. — Éventail-ombrelle. — Chapeau « à la Léopold Robert ». — Année 1873. — Réapparition du luxe. — Ceinture régente et tournure souveraine. — La soie. — Toilettes « modérées ». — Incendie de l'Opéra. — Vente en faveur des orphelins de la guerre. — Tuniques en cachemire. — Haine aux gants. — Le « juponnage ». — Souliers Charles IX. — Mules. — Année 1874. — Chapeau page et toquet Margot. — Coiffure suisse ; faux cheveux. — Bal du Tribunal de commerce. — La couleur verte. — Le jais. — Costumes divers. — Coiffures. — Chapeau Mercure. — Derniers types de toilette.

L'année 1870 laissera des traces ineffaçables. Notre cœur saigne encore des tristesses et des malheurs qu'elle a amoncelés sur la France, tout à coup obligée de supporter une épouvantable guerre, et de subir une paix conclue au prix des plus douloureux sacrifices.

Pendant que Paris, assiégé par les armées allemandes, n'avait plus de communication avec les départements, le rôle de la mode se trouva interrompu ; la source des caprices de la toilette fut complétement tarie. Les Françaises pouvaient-elles penser au luxe des costumes, quand partout le sang de leurs pères, de leurs maris, de leurs frères ou de leurs fils rougissait le sol de la patrie ? Pouvaient-elles s'occuper des choses superflues, lorsque le nécessaire manquait à plusieurs millions d'hommes, lorsque la nourriture faisait défaut aux habitants de la capitale, lorsque les angoisses du désespoir se manifestaient d'un bout de la France à l'autre ?

Il fallut, durant plusieurs mois, oublier les gracieuses fantaisies du foyer. La Mode se voila la face. Les femmes passèrent leur temps à faire de la charpie, à soigner les blessés dans les ambulances, à imaginer toutes sortes de moyens pour alléger les privations imposées à tant de familles!

Paris, enveloppé par l'ennemi, devint un soleil sans rayons pour le reste du pays. Plus de journaux allant apprendre au monde entier ce que l'imagination des Parisiens avait inventé dans le costume et dans la coiffure! Plus de goût pour la toilette, pour les bijoux, pour les brillants affiquets! Des quêtes étaient organisées. De riches dames y mettaient une partie de leurs diamants ou de leurs dentelles.

En peu de mois, quel changement! Les populations passaient de l'extrême luxe à l'extrême misère, de la folle gaieté au deuil général. A peine voyait-on, dans les rues de Paris, certaines femmes sans cœur étaler des mises tapageuses, dont le mépris des passants faisait promptement bonne justice et dont les âmes généreuses gémissaient.

Si des théâtres ouvraient encore leurs portes, c'était pour venir en aide aux blessés, et l'on ne comptait que des fêtes de bienfaisance dans lesquelles la mode, prenant le ton du jour, suivait les principes de la simplicité et de l'économie. Les spectatrices ne voulaient pas blesser l'opinion par les couleurs éclatantes de leurs robes, ni par des poufs exagérés, ni par des exhibitions de bijoux précieux. Elles n'oubliaient pas que le luxe effréné avait contribué à perdre la France, et elles donnaient l'exemple des heureuses réformes, de la simplicité dans les mœurs. Elles adoptaient des toilettes de convenance, toujours distinguées et gracieuses, mais exemptes d'afféterie.

Aux courses de Trouville-sur-Mer, en 1871, les toilettes n'eurent rien de « nouveau », dans la véritable acception du mot. Mais elles ne ressemblèrent ni à celles de l'année précédente, ni à celles des dernières années du second empire, sous le rapport du luxe. C'est pour cela seulement qu'elles méritent d'être signalées.

Les robes, sans crinoline et sans traîne, ne balayaient pas

la plage, comme autrefois; la richesse ne s'étalait pas sur les vêtements féminins.

Pour l'hiver, la nouveauté consista dans le velours parisien, sorte de satin noir diamanté de velours noir. On cita encore le pékin, autre espèce de velours-satin, très en vogue. Les dispositions variées de ces deux étoffes convenaient à toutes les tailles. Cette toilette était complétée par un chapeau de velours noir avec plumes noires frisées, renversées sur le fond; avec brides de velours. Les couturières mélangeaient habilement le satin avec le cachemire irlandais, accompagnés de franges, de passementeries et de dentelles. Tout cela était digne et convenable, dans la situation où la France se trouvait.

A un concert de société, donné au profit des victimes de la guerre, la principale artiste — artiste amateur — portait une robe de crêpe double, blanc mat, à demi-traîne, avec un bouillon au bas. Trois grandes pattes de velours noir retombaient sur la jupe. Une ancre de caillou du Rhin brillait sur chaque patte; le corsage, décolleté, avait deux ruches de velours noir coupées par une ruche de crêpe découpée à dents de scie. La coiffure se composait de velours noir et de roses de Bengale presque blanches.

Après tant de tristes événements, le noir demeurait à l'ordre du jour; seulement les dames avaient, non des robes de deuil, mais des robes noires habillées, que l'on orna peu à peu de nuances claires, pour en atténuer la sévère apparence, à mesure que les mois s'écoulèrent.

Le « costume de drap », fort en usage aussi, comprenait une tunique, une veste et une jupe. La tunique était de forme polonaise, plate sur le devant, et montée à deux plis Watteau dans le dos; la jupe était en soie, à volants et à plis grecs, ou bien simplement en orléans ou en cachemire, pour les sorties du matin. Par dessus ce costume on jetait une petite veste à manches très-larges, découpée tout autour en manière de créneaux.

Les « nœuds alsaciens », portés en souvenir de notre chère Alsace perdue, jouissaient d'une grande faveur dans les coiffures de jeunes filles. Le fichu Marie-Antoinette et le bonnet Charlotte

Corday n'avaient pas disparu. Ils s'accommodaient avec les nœuds alsaciens:

A l'époque du carnaval de 1872, carnaval peu animé, comme on le pense, le costume d'Alsacienne obtint un succès général. De même pour le costume de Lorraine. Mais il nous semble qu'il y avait quelque puérilité à manifester ainsi le regret que nous éprouvions d'avoir cédé à l'Allemagne deux de nos plus belles provinces. La mode n'avait rien à faire là-dedans. Les toilettes de ville se complétèrent avec des rubans à rosettes sur le côté, selon la coutume adoptée par les femmes de l'Alsace, et ces rubans furent en vogue durant plus d'une année.

Quand vint l'été, les robes d'alpaga, de mohair, de poil de chèvre gris-poussière parurent dans toutes les promenades. Les étoffes noires ou de teintes sombres diminuèrent de jour en jour, et chacun s'aperçut bien vite que la vie mondaine reprenait avec une certaine intensité. D'ailleurs, le commerce et l'industrie réclamaient leurs droits.

Les théâtres recommencèrent, vers l'automne, à lancer des pièces nouvelles; puis, un peu plus tard, les soirées de la Présidence donnèrent quelque essor aux manufactures d'étoffes, qui avaient si rudement souffert pendant le siége de Paris.

Parmi les toilettes, nous nous rappelons d'avoir vu alors celle qui consistait en une jupe à demi-traîne, terminée en bas par un grand ruché à la vieille, s'appuyant sur un groupe de cinq gros lisérés. Il y avait deux volants taillés de biais et froncés ensemble. Le corsage était à une seule pince, taillé sur le devant en forme de gilet très-long et carré. Gilet en soie, basques et manches en laine. Chapeau Marie Stuart, en crêpe de Chine et faille, entouré de perles de jais, et surmonté d'une touffe de plumes noires, d'où s'échappait une longue plume saule. Ou bien encore, chapeau Michel-Ange, doublé de nuance claire. Enfin, chapeau marin en feutre ou en velours foncé. Lingeries de toile mêlées de valenciennes et de guipure; ornements de crêpe de Chine ou de cachemire, avec dentelles noires ou blanches.

En fait d'innovations, citons des gants à cinq, six et même dix boutons en daim, en chevreau ou en cachemire; citons des bas à côtes, de toutes nuances, vendus sous le nom de « bas de chasse ».

Les petits manchons, les dolmans soutachés et bordés de fourrures, les rotondes de soie ou de cachemire doublé, les confortables mantelets-duchesses, les polonaises sans manches, qu'on aurait pu appeler « orientales », les capuchons doublés de satin, les chapeaux dits « Rabagas », de même velours ou satin que les robes, sans pans, et avec une grande plume roulée autour de la calotte, voilà ce qui complétait le costume.

Les *rabagas* furent mis à la mode après la première représentation d'une pièce de Victorien Sardou, qui obtint surtout un succès de curiosité, parce qu'elle avait des prétentions politiques.

Une mode ridicule de l'hiver 1872 mérite d'être notée. Nos dames portèrent des éventails énormes, ayant presque les dimensions d'une ombrelle, avec bouquets peints sur le côté gauche. Cette innovation malheureuse devait, disait-on, servir tout à la fois d'éventail et d'écran. Elle ne dura que fort peu de temps; l'inventeur avait voulu trop faire, et il ne réussit pas à acclimater l'« éventail-ombrelle ».

Au contraire, le chapeau « à la Léopold Robert » obtint un plein succès, grâce à sa forme artistique. Il comprenait une couronne de fleurs ou de feuillage placée sur une bande de velours uni ou bouillonné; derrière se voyait un ruban ou une dentelle fermant sur le chignon. Point de brides. De plus un voile, dit « provisoire », enveloppait la tête, l'enserrait comme dans un réseau. Ce voile couvrait le visage à la juive : ses longues barbes remplaçaient les brides, en se croisant derrière la tête et en revenant se nouer sous le menton.

Le chapeau à la Léopold Robert embellissait la laideur elle-même. Est-ce pour cela que les plus belles personnes ne le conservèrent pas?

Avec l'année 1873, les toilettes féminines devinrent extrêmement compliquées. Elles fourmillèrent de détails futiles, les uns heureux, les autres risqués. Il semblait que la coquetterie voulût prendre sa revanche des années 1871 et 1872. La simplicité fit

place à mille petits accessoires, et les garnitures de robes furent
vraiment ruineuses... pour la bourse des maris. Quinze ou vingt
volants s'étalaient parfois sur une jupe. Les costumes furent
garnis de boutons ciselés, bronzés, oxydés. Après avoir été dé-
laissés pendant plusieurs années, les bijoux d'acier figurèrent
dans les coiffures, et les jeunes personnes se mirent au cou un
collier de velours soutenant un médaillon. La ceinture « régente »
et la « tournure souveraine » eurent de nombreuses clientes.

Bien qu'elle n'éprouvât pas de modifications essentielles, la
mode devenait d'année en année plus insaisissable, parce que
chaque femme prenait l'habitude de se vêtir à son gré, selon son
âge, sa position et sa fortune, sans copier servilement tel ou tel
modèle. Le fond de la mode changeait peu, mais les détails étaient
infinis, et en réalité presque personnels.

En moins de deux mois, on vit apparaître les « monténégrins »,
genre dolman, qui cambraient avantageusement la taille, et qui
étaient très-chamarrés de soutache mêlée de soie ; les toilettes
rehaussées de jais sous toutes les formes (aigrettes, diadèmes,
boucles, brindilles, épis); les chapeaux Michel-Ange, ornés de roses
mousseuses et de muguet ; les robes en tussor, agrémentées de
velours noir ; les collerettes abbé Louis XV en mousseline plissée,
et broderie formant rabat devant ; les hautes manchettes sur les
manches plates.

Les étoffes les plus diverses étaient employées, et pourtant la
soie unie ou brochée l'emportait toujours sur les tissus de fantaisie. On aimait les fraises, les ruchés en tulle ou crêpe lisse.
Parmi les bijoux se remarquaient principalement les médaillons
et les « saint-esprits » en brillants, en strass ou diamants d'Alençon, et les croix normandes aux découpures légères, aux feuillages
déliés. Beaucoup de Parisiennes sortaient en tunique ou polonaise ajustée à la taille. Quelques dames très-élégantes avaient
des chapeaux sans fond, c'est-à-dire qu'elles mettaient seulement
autour de leur tête une guirlande de pampres ou de fleurs, très-
volumineuse, exhaussée par devant. Une série de boucles tombaient
sur le cou par derrière.

Il existait des toilettes extraordinaires et des toilettes « modérées », celles-ci un peu moins répandues que celles-là. La mode
ne cessait de favoriser, pour l'été, les gilets et les corselets ; pour
l'hiver, les vestes longues dépourvues de manches, les vestes en
drap cachemire ou velours, les casaques Louis XV.

Cependant un événement terrible vint troubler le monde de la
fashion. Le mardi soir, 28 octobre 1873, un incendie dévorait en
entier la salle de l'Opéra, à Paris.

Un des temples de la mode s'était écroulé en une nuit ; les riches
toilettes qui se montraient dans l'amphithéâtre et aux balcons de
notre premier théâtre lyrique allaient disparaître aussi pour un
temps. On ne verrait donc plus, aux lumières étincelantes du
lustre, les poufs en angleterre, blonde, dentelle de jais ou tulle,
les diadèmes et les rivières de diamants, les costumes d'apparat,
les magnifiques ceintures circassiennes !

Evidemment, l'incendie de l'Opéra portait un coup sensible aux
parures aristocratiques, obligées de se réfugier dans les bals et
dans les promenades. La toilette d'Opéra, rivale de la toilette
d'Italiens, attendait qu'on lui eût reconstruit son temple.

Disons-le : les choses ne se passèrent pas aussi mal qu'on aurait
pu le croire. Le luxe prit, dans ce même moment, des proportions
énormes. Les femmes continuèrent, sous la République, à se vêtir
de toilettes excessivement coûteuses. Par bonheur, il fut permis
aux personnes de modeste fortune d'adapter aux étoffes simples
les coupes et les ornements dont on disposait pour les costumes
d'un grand prix. La coupe des vêtements devint la chose principale des toilettes.

Lorsque s'organisa, au nouvel Opéra, une vente en faveur des
orphelins de la guerre, les Parisiens s'aperçurent que le goût des
toilettes inimitables n'était point passé. Les dames vendeuses —
madame Thiers, mademoiselle Dosne, madame la maréchale de
Mac-Mahon, les princesses Troubetskoï et de Beauvau — rivalisèrent d'élégance. Les dames acheteuses ne restaient pas en
arrière : elles avaient des robes bariolées de tons plus ou moins
harmonieux, vrais labyrinthes où s'égaraient des flots de rubans;

des fouillis de dentelles, des plissés, des volants, des nœuds superbes ; en un mot, tout ce que l'imagination peut rêver de plus riche et de plus coquet.

On vit sous le péristyle du nouvel Opéra des ombrelles artistiques en foulard écru moucheté de bleu ou de rose, agrémentées de nœuds et de dentelles à deux rangs ; on vit des parasols à canne pourvus de larges manches. Rigoureusement, il fallait porter une ombrelle pareille au costume, et cet assortiment s'étendait jusqu'à l'éventail.

Souvent une dame faisait des économies lorsqu'elle se parait d'une tunique en cachemire. Elle se servait du vénérable burnous caché depuis bien des années dans son armoire, et elle y mettait de la guipure et de la passementerie en jais. Plus d'une personne, encore, confiait au teinturier le soin de métamorphoser une vieille robe verte en une robe noire neuve, très-brillante quand elle y avait ajouté quelques mètres de velours. L'art de la teinturerie a accompli des merveilles !

Dans les hautes sphères, un bruit assez étrange courut en 1873.

De quoi s'agissait-il?

D'une chose vraiment inimaginable. Il s'agissait de supprimer les gants. Non par économie, assurément, car on les voulait remplacer par une mode digne du temps du Directoire. Les élégantes parlaient d'exhiber des brochettes de bagues à toutes les phalanges des doigts.

C'était le rêve fantasque d'une belle ennuyée, voulant du nouveau à tout prix. Comme on le pense bien, son rêve ne se réalisa pas ; les gants gardèrent leur place dans la toilette des femmes.

Un revirement heureux de la mode consista dans la suppression presque totale des garnitures, lorsque, précédemment, les couturières en encombraient les robes. Les costumes n'y perdirent rien de leur grâce, tout en coûtant beaucoup moins cher. Une Française peut aisément obtenir le beau, sans cesser de rester dans la modération. Le « juponnage » constitua la moitié de la grâce et du *bien porté* d'une toilette.

Le gilet pour dames, l'habit garde-française et le chapeau ligueur semblaient un empiétement sur le costume masculin; mais on le dissimulait sous un bon nombre de fioritures. Les « souliers Charles IX », fort en vogue, étaient en fin chevreau, un peu arrondis du bout, avec haut talon pointu et empeigne découverte ornée d'un nœud. Il y avait dans cette chaussure d'appartement une traverse en chevreau placée en avant du cou-de-pied, avec une grande boucle carrée en acier ou en caillou du Rhin. On porta aussi des mules en feutre de toutes couleurs, soutachées de petits galons de laine. Enfin, la bottine en drap, claquée chevreau, était assortie au costume.

L'année 1874 ne modifia pas, pour ainsi dire, le fond du vêtement tel que nous l'avons indiqué en 1873. Plusieurs accessoires seulement varièrent sous quelques rapports.

Des volants de point d'Alençon, d'Angleterre ou de Malines s'entremêlèrent avec des broderies admirablement exécutées en relief. Une nouvelle forme de chapeau réussit parmi les femmes de la haute fashion. Il était en velours noir, à calotte ronde peu élevée, avec des ailes larges et un peu repliées, comme les chapeaux de meunier. Un galon de jais bordait l'envergure, un second galon entourait la calotte. Certaines personnes le portaient en feutre, avec une belle plume d'autruche naturelle. Les jeunes filles préféraient le « chapeau page » à fond mou et bord coulissé, et le « toquet Margot » à passe plissée s'élargissant derrière comme une sorte de bavolet.

La toilette noire domina pendant la saison d'hiver; elle acquérait un brillant hors ligne par l'annexion des garnitures de dentelle, et par de très-nombreux ornements de jais. On y adjoignit des fichus extrêmement coquets en tulle blanc ou noir, parsemés de perles de jais, avec col montant et ruches intérieures.

Les hautes fraises Henri II rehaussèrent les toilettes de bal, dans lesquelles figuraient des manches Louis XV, et que venaient orner des garnitures de perles d'acier, d'argent et d'or, accompagnées de certaines broderies, même de dentelles d'or. La mousseline reprit droit de cité, ainsi que la tarlatane.

Les coiffures restèrent hautes, avec frisons et ondulations sur le front. Les chignons à papillotes disparurent ; à peine une boucle ou deux s'égarèrent sur le cou. Citons, parmi les nouveautés, la « coiffure suisse », composée de deux nattes tombant derrière le dos et se terminant par une boucle que précédait un nœud de ruban étroit.

Plus que jamais l'usage des faux cheveux était général. D'après une statistique très-exacte, il se vendit en France 51816 kilogrammes de cheveux ouvrés en 1871 ; 85959 en 1872, et 102900 en 1873. Le total a dû augmenter encore durant l'année 1874.

Ces cheveux viennent principalement de la Normandie, de l'Auvergne et de la Bretagne. Des coupeurs spéciaux les récoltent en avril et en mai ; ils les échangent pour de la rouennerie, de la mousseline ou du calicot, ou bien ils les payent, en argent, 5 francs le kilogramme. Qui se serait douté autrefois que le commerce des cheveux dût prendre une telle extension en France !

Pour l'hiver, les dames songèrent surtout à se vêtir chaudement, en remplaçant le classique «imperméable» par une rotonde de soie croisée, doublée à l'intérieur de flanelle légèrement ouatée ou de fourrure. Outre le petit-gris et le chat russe, les fourrures les plus employées étaient la loutre et le renard de Russie.

On vit au bal du Tribunal de commerce, donné à Paris en l'honneur du maréchal de Mac-Mahon, président de la République, des milliers de toilettes féeriques, lesquelles produisirent d'autant plus d'effet que les élégantes étaient depuis longtemps privées d'un pareil spectacle. La plupart de ces toilettes ne sortirent pas intactes du palais.

Au printemps de 1874, les tuniques firent place à une manière de *peplum* provenant du corsage, avec basques derrière. On porta le chapeau « merveilleuse », en dentelle de jais, relevé d'un seul côté par un groupe de fleurs. La couleur verte, dans les tissus, eut la préférence : vert-de-gris, vert-réséda, vert-grenouille, vert-bouteille, vert-serin, vert-sauge, etc., etc.

Ceci nous remet en mémoire un fait historique du règne de Henri III. Ce prince ayant donné un festin à quelques gentilshommes qui l'avaient suivi au siége de la Charité, «les dames, dit Pierre de L'Estoile, y parurent vêtues de vert; tous les assistants aussi vêtus de vert, pourquoy avoit été levé à Paris pour 60,000 francs de soie verte. »

Mais revenons à notre époque, à l'année 1874. La couleur verte n'opéra pas de très-brillantes affaires commerciales. Toutefois le jais, placé à profusion sur les vêtements, eut des résultats presque semblables à ceux qu'avait amenés la vogue de la soie verte sous le roi Henri III. En quelques mois, plusieurs fabriques de verroterie de Venise gagnèrent des sommes énormes. Des étrangers, qui ont fourni du jais pour nos Françaises, sont aujourd'hui millionnaires.

En même temps que le chapeau « merveilleuse » se mettait le corsage « à l'incroyable », qui s'ouvrait sur un gilet fermé dans le milieu par de beaux boutons fantaisie. Dans le haut, une ruche doublée de lilas; manches à trois brassards, intercalés de bandes brodées.

En général, l'uniformité des couleurs dans les costumes prévalait sur les écarts de couleurs tranchantes.

Les dames inaugurèrent les bottes ferrées, mode qui prit naissance sur le turf sans doute, mais qui n'avait de côté pratique, assurément, que pour les voyages. Le foulard domina, comme étoffe de robe, et partout on adopta la délicieuse confection nommée « paletot hongrois ou croate », avec olivettes et brandebourgs, dont la courbe cambrait la taille, dont les manches longues et flottantes avantageaient singulièrement les tailles les plus rebelles à la grâce.

Quelques personnes du meilleur monde affectionnèrent un costume assez bizarre, dit « fourreau » ou « cloche ». Elles s'emprisonnèrent dans une gaîne étroite, moulant exactement leur corps. Cette fantaisie ne sortit pas des excentricités, et peu de dames la suivirent; parce qu'elle ne les avantageait pas.

Beaucoup d'ornements sur les tissus beiges, les mohairs, les tussors, les alpagas, les foulards écrus. Il fut question d'abandonner les cheveux postiches, que ne tarda pas à faire disparaître

la « coiffure à marteau » ou « cadogan ». Au lieu de crêpelés et
de torsions en tous sens, les cheveux furent réunis derrière en
une seule tresse fort lâche, qu'on élargit du mieux possible, et
que l'on fixa sur la nuque par un nœud de ruban.

Les chapeaux, pendant l'été, multiplièrent leurs formes à l'infini. Non-seulement on vit le Trianon, l'Élisabeth, le Charlotte-
Corday, le chapeau matelot, le chapeau bergère, bersaglière, ban-
doulier, le Fra-Diavolo, l'Orphée, et bien d'autres, mais on se
coiffa, sur les plages aux bains de mer, du chapeau Mercure !
C'était une espèce de toquet orné sur le devant de deux ailes sor-
tant d'un nœud à l'Alsacienne, et dont la passe se relevait derrière
sous un nœud cadogan dans lequel était piqué un pavot ou une
grosse reine-marguerite.

Aux approches de l'automne, la tunique détrôna la polonaise,
probablement en raison du succès obtenu par le genre de corsage
cuirasse ou châtelaine. La passementerie perlée, miroitante, devint
de plus en plus en faveur. Les cols évasés ou plats succédèrent
complétement aux ruches d'étoffe. Il fut de très-bon goût de porter
en breloque, à la chaîne de sa montre, un mignon porte-crayon
en or.

Nous parlons absolument, maintenant, des modes d'aujour-
d'hui. Lorsque l'année 1875 va s'ouvrir, nous devons donner les
derniers types de toilette parus, ceux que nous voyons sous nos
yeux.

Décrivons d'abord la toilette de dîners, de casino ou de bal :

Il s'agit d'un costume de dame, en taffetas d'Italie bleu clair.
Le devant de sa jupe est orné de cinq volants de dentelle ancienne, au-dessus desquels de grosses ruches chicorée de deux
tons mêlés : bleu de la teinte de la jupe, et bleu plus soutenu. La
seconde jupe, très-ouverte, tombe à l'arrière en ample traîne, afin
de laisser voir ce dessous riche entre les plus riches. Une écharpe
de dentelle drape élégamment les plis du costume. Le contour de
la tunique est orné de même dentelle et de même ruche. Le corsage est décolleté, en carré ; les manches, composées entièrement
de ruches et de dentelles étroites jusqu'au coude, se terminent là

par deux grands volants de dentelle faisant vaste engageante. La coiffure est haute. On y remarque un peigne espagnol ; des cheveux avec rubans et fleurs.

Comme toilette de ville ou de promenade, les dames du meilleur monde adoptent le jupon de velours violet avec un grand volant plissé à triples plis, à tête doublée de faye mauve. Leur seconde jupe est en faye, que l'on orne d'un volant froncé avec petite tête traversée d'un biais. Elles ont une cuirasse en velours lisérée de faye sur tous ses bords, avec deux rangées de boutons par devant, avec col à revers. Les manches, en faye, se distinguent par l'évasement d'un double parement, avec traverse de faye et nœud à l'arrière-bras. Sur la tête s'incline un joli toquet ou petit chapeau à grands bords, en velours, coiffure pleine de fantaisie.

La passementerie perlée, miroitante, est généralement fort belle et très-portée. On en fait d'un mode de dessins et d'ornementation complétement inédit. La passementerie semble l'emporter aujourd'hui sur la dentelle.

Pour lainages, en dehors de la bure et de la limousine, les dames préfèrent à tout les draps de fantaisie chinés, ou les gros tissus rayés ayant deux nuances ton sur ton.

L'acier prend une recrudescence de vogue. Les plastrons, les berthes, les casaques Louis XV sont en faveur ; le waterproof enfin, ce tombeau de l'élégance et de la grâce — mais ce vêtement, commode par excellence, semble se modifier un peu quant à la forme. Aucune femme, jeune ou vieille, ne répugne à s'enfouir sous sa carapace uniforme.

CHAPITRE XXXII

CONCLUSION

Ici se termine notre *Histoire de la Mode*. Le présent appartient à nos lectrices, et c'est au *Magasin des Demoiselles* qu'il convient de continuer l'œuvre que nous venons d'écrire, en mettant ses abonnées au courant des innovations qui, chaque jour, se produiront en France, dans toutes les parties du costume féminin.

Avons-nous rempli la tâche que nous nous étions imposée ? Avons-nous réussi à rendre intéressantes les recherches nombreuses que nous avons faites ?

Nous l'espérons, car nous n'avons jamais oublié, dans ce livre, que la légèreté du sujet n'excluait pas le sérieux des observations ni la valeur morale.

L'*Histoire de la Mode* offre un des aspects du tableau de notre civilisation elle-même. Heureux si nous avons pu, sans dépasser les limites de notre travail, restituer les détails curieux, les ajustements singuliers ; en un mot, toutes les variations des habillements de femme en France.

Nous achevions ce livre lorsque, dans le palais de l'Industrie, aux Champs-Élysées, des hommes de goût organisèrent une *Exposition rétrospective du costume en France*. Cette exhibition était encore bien incomplète, car elle ne remontait pas aux premiers siècles de notre histoire. Mais les curiosités, jusque-là cachées dans les salons des collectionneurs, se popularisaient et présentaient un intérêt tout particulier, comme spécimens de plusieurs branches de l'ancienne industrie française.

C'était un fragment d'histoire de la mode par les monuments, si l'on peut s'exprimer ainsi ; et bien des visiteurs émettaient l'avis qu'un pareil sujet méritait de tenter un chroniqueur.

D'autre part, M. Charles Blanc, dans un important ouvrage sur les arts décoratifs, publié par la *Gazette des beaux-arts,* écrivait de très-remarquables *Considérations sur le vêtement des femmes,* et déclarait que les trois conditions invariables du beau sont l'ordre, la proportion et l'harmonie, en dépit des innombrables variétés de la toilette.

Le savant académicien élevait la coquetterie à la hauteur d'un art véritable ; il faisait l'esthétique de la Mode ; il en indiquait les lois constitutives.

Ainsi l'attention du public était fixée sur l'objet qui nous a occupé dans ce livre. Le public comprenait, plus qu'autrefois, l'importance de notre matière, et semblait favorable à notre entreprise.

Cela dit, concluons sur l'ensemble des détails que nous avons donnés par rapport à la Mode. Embrassons d'un coup d'œil la route parcourue.

Il est bien certain que la manière de se vêtir, depuis le dix-septième siècle principalement, présente une assez juste mesure des idées du temps.

Déjà, pendant la Renaissance, on avait vu l'élégance italienne envahir la cour de François Ier, et celle de Henri II ajouter un cachet artistique aux mœurs, enlever aux Françaises — par conséquent aux Français — les derniers vestiges de la rusticité qui avait régné durant tout le moyen âge.

Sous Louis XIV, la Mode s'impose en despote, d'après le code de l'étiquette. Le grand roi, à de rares exceptions près, commande à toutes les variations du costume. Les toilettes compassées sont en harmonie avec les appartements de Versailles.

Au sortir de ce règne, la fantaisie individuelle a plus de force et de puissance. Le grandiose cède le pas au genre léger. Ce ne sont que gaze, or et brocart, négligés mythologiques, jupes de satin blanc, ornements fins, délicats, tels que ceux dont nous disons : « Voilà un déjeuner de soleil. »

Ces façons de toilette correspondent aux « roueries » du régent, aux fêtes de Mme de Tencin et des belles dames qui ouvrent leurs salons aux adoratrices de la Mode. Elles figurent convenablement dans les boudoirs parfumés.

Vers le milieu du dix-huitième siècle, nous remarquons le succès de la grande robe que Watteau a peinte dans ses ravissants tableaux. Elle est libre, elle est flottante, elle est ouverte, elle ressemble à un domino. Aux pieds de la marquise scintillent des mules gracieusement tournées, sans talons, à fleurettes, relevant de la pointe. Toute la désinvolture des dames de l'époque se trahit par leur extérieur. Le décolleté ne reconnaît pas d'entraves.

Puis arrivent les débauches de la toilette tapageuse — le panier, qui renchérit encore sur l'ancien vertugadin. Le falbala aussi devient une nécessité... Il faut éblouir, il faut paraître, il faut montrer aux roturières qu'on possède des quartiers de noblesse. Il faut prouver qu'on a gagné des millions dans la rue Quincampoix. Il faut jeter de la poudre aux yeux et obtenir une manière de considération par le faste, sinon par les mérites du talent ou de l'esprit.

Le luxe atteint des proportions fabuleuses. On emploie pour une garniture la dépouille de quatre mille geais. Mme de Matignon fait 600 livres de rentes viagères à sa couturière, pour payer une robe, et la robe de la duchesse de Choiseul dépasse tout ce qu'on a pu voir : « Elle est de satin bleu, garnie en martre, couverte d'or, semée de diamants, dit Horace Walpole. Chaque diamant brille sur une étoile d'argent entourée d'une paillette d'or. » Plusieurs familles vivraient heureuses avec le prix de ce costume.

Tant d'éblouissantes choses indiquent la dégénérescence de l'époque. Certains philosophes critiquent les femmes, au risque de passer pour des grognons pédants, pour des oiseaux de mauvais augure, pour des prophètes de malheur. Mais les petits marquis soutiennent la lutte et défendent le droit des belles marquises.

Une réaction s'opère à la fin du dix-huitième siècle. C'est le résultat inévitable d'excès qui ont longtemps duré. Par caprice, on se livre à la simplicité. Les femmes délaissent les grandes parures. Et paniers de s'évanouir! A peine la chevelure contient-elle un soupçon de poudre. La plus élégante des Parisiennes ne dédaigne pas de chausser les souliers plats. Hommes et femmes s'habillent à la Jean-Jacques Rousseau. Ils brisent avec l'afféterie ; ils empruntent à la nature ses ornements éternels.

Bientôt la révolution éclate. S'inspirant des républiques grecque et romaine, les Françaises veulent se vêtir à l'antique. Ce goût ne les quitte pas, même sous le premier empire ; toutes les grâces des dix-septième et dix-huitième siècles sont comme non avenues pour les modernes Cornélies, pour les élèves de Sapho. Rien d'original. Ce ne sont qu'emprunts faits à l'antiquité, avec accompagnement de variantes modernes, très-souvent disparates.

Les quinze années de la Restauration, les dix-huit années de la monarchie de Juillet voient se manifester un retour vers le passé national. La Mode « restaure » le moyen âge, les toilettes de châtelaine. C'est le temps où la bourgeoisie lutte contre le pouvoir, puis règne à son tour. Les idées bourgeoises obtiennent une large place dans les toilettes, et la coquetterie accepte des formes assez peu distinguées au point de vue de l'art.

Aucun de nous ne peut se rappeler sans rire les robes à gigots ! Les chapeaux de l'époque ressemblaient à des capotes de cabriolets !

Après la révolution de 1848, le luxe impérial nous ramène pour ainsi dire aux temps de la Régence et du Directoire. Le besoin de briller tourne les têtes, et par des excentricités successives, coûteuses, effrénées, les Françaises se signalent à toute l'Europe. Vainement, encore, certains moralistes s'élèvent contre le luxe immodéré.

Enfin, après les désastres de 1870, les esprits semblent mûris ; ils recherchent la simplicité, comme en 1780, pour se remettre bientôt à la recherche des modes nouvelles et des fantaisies passagères...

Voilà où nous en sommes au moment où notre plume trace ces lignes, où nous faisons de la toilette d'aujourd'hui une date historique.

Comme conséquence logique de ce court résumé, répétons que le goût doit être l'arbitre des modes, et que le goût exige dans une toilette l'harmonie de tous les accessoires et du principal. Les types primordiaux du costume ont peu changé, changeront peu dans l'avenir, sans doute; mais les détails ne cesseront de subir des transformations fréquentes, que d'autres historiens devront étudier, s'ils veulent, plus tard, suivre la même route que la nôtre, et attribuer à la Mode, dans le tableau des mœurs en France, la place qu'elle y doit occuper.

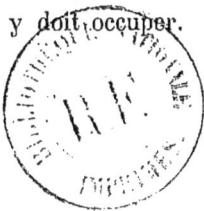

FIN

TABLE DES MATIÈRES

CHAPITRE X

RÈGNE DE HENRI II

CHAPITRE XI

RÈGNE DE FRANÇOIS II

CHAPITRE XII

RÈGNE DE CHARLES IX

CHAPITRE XIII

RÈGNE DE HENRI III

CHAPITRE XIV

RÈGNES DE HENRI IV ET DE LOUIS XIII

INDICATIONS

POUR LE PLACEMENT DES GRAVURES

PARIS. — TYPOGRAPHIE A. HENNUYER, RUE D'ARCET, 7.

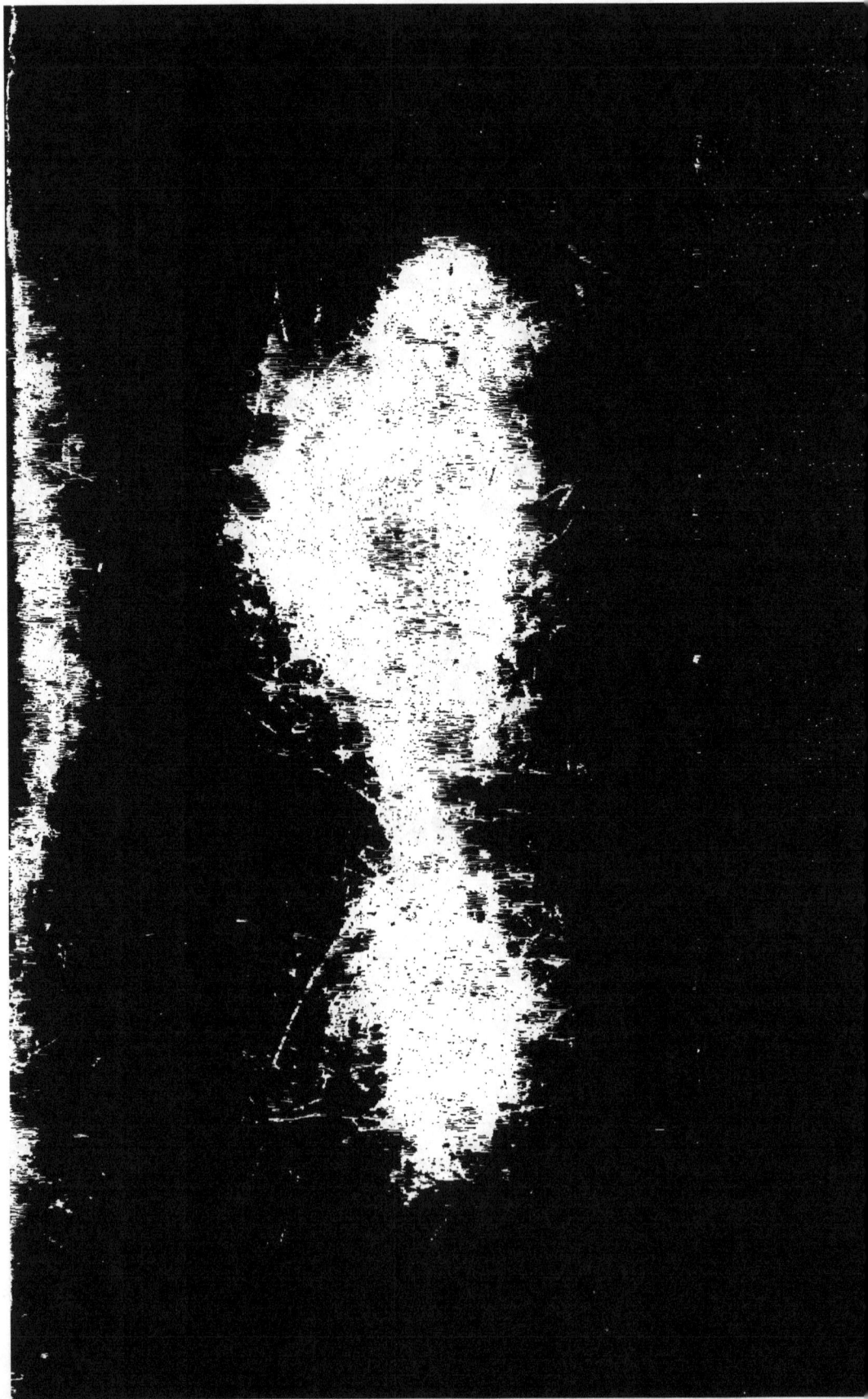

www.ingramcontent.com/pod-product-compliance
Lightning Source LLC
Chambersburg PA
CBHW070249200326
41518CB00010B/1744